心灵鸡汤大
超值珍藏版

编者◎闫 晶

你不努力，谁也给不了
你想要的生活

图书在版编目（CIP）数据

心灵鸡汤大全集:超值珍藏版/闫晶编. -- 北京：
世界图书出版公司北京公司, 2011.6
  ISBN 978-7-5100-3715-3

  Ⅰ.①心… Ⅱ.①闫… Ⅲ.①人生哲学—通俗读物
Ⅳ.① B821-49

  中国版本图书馆 CIP 数据核字 (2011) 第 133855 号

书　　　　名	心灵鸡汤大全集:超值珍藏版	
（汉语拼音）	XINLING JITANG DAQUANJI: CHAOZHI ZHENCANGBAN	
编　　　者	闫晶	
总　策　划	吴迪	
责　任　编辑	刘煜	
装　帧　设计	天昊书苑	
出　版　发行	世界图书出版公司长春有限公司	
地　　　址	吉林省长春市春城大街 789 号	
邮　　　编	130062	
电　　　话	0431-86805551（发行）　　0431-86805562（编辑）	
网　　　址	http://www.wpcdb.com.cn	
邮　　　箱	DBSJ@163.com	
经　　　销	各地新华书店	
印　　　刷	北京一鑫印务有限责任公司	
开　　　本	889 mm × 1194 mm　1/32	
印　　　张	25	
字　　　数	519 千字	
印　　　数	1—10 000	
版　　　次	2011 年 6 月第 1 版　　2019 年 10 月第 1 次印刷	
国　际　书号	ISBN 978-7-5100-3715-3	
定　　　价	180.00 元（全 5 册）	

人生是一个不断追求的过程，我们追求学业、追求事业、追求温情、追求幸福。时光在指尖流转，生活在光阴中继续。每个人都希望自己的人生是完美的，虽然这不容易做到，但是我们却可以通过自己的努力，让自己的人生少留一些遗憾，这样的人生同样也是完满的。

人的一生，都希望得到最多的快乐和幸福，希望自己的每一天都过得愉悦和惬意，希望身边的亲人和朋友也能像自己一样。于是，我们都在努力着。

我们一直很努力，争取做一个最好的自己；我们时刻在努力，尽量让未来对得起我们的努力。

苏格拉底曾说，人生就是一次无法重复的选择。每个人都会时常面临来自学习、生活、工作和社会的各种各样的压力和问题。当难题迎面而来的时候，充分汲取、掌握并运用深刻的哲理来指明前进的方向，领悟人生的意义，才能加速我们成功的进程。

　　每个人都希望拥有一个完满的人生，并为此付出努力。虽然生活当中总有一些不如意，但是我们追求完美的脚步却从不停歇。因为我们知道，生活总要继续，还有许多美好的人和事在未知的前方等着我们。为了能够遇见未来更好的自己，我们不能停下来，当然，我们也停不下来。因为我们已经在生活中了，所以请跟着它快乐地走下去吧！

目／录

第一章　做自己的主人

世界依然是那个世界 ……………………… 2

几则小故事 ……………………… 5

幸福是什么 ……………………… 11

当幸福来敲门 ……………………… 16

和世界赌一次 ……………………… 21

我是如何逃离北上广的 ……………………… 24

十八岁那年的高考 ……………………… 31

第二章　打开一扇门

记住微笑的样子 ················· 35

世界会变，但梦想始终如一 ········· 38

青　春　无　悔 ·················· 41

学霸是怎样炼成的 ··············· 49

父　　亲 ······················ 53

一个母亲的沉默与坦白 ··········· 59

你会说中文吗 ·················· 66

一个人最好的教养 ·············· 68

我们的失败与伟大 ·············· 76

第三章　要么出众　要么出局

善良那根弦 ···················· 81

人类，多么了不起的杰作 ········· 86

来自太阳的勇者 ················ 96

白天鹅炼成记 ·················· 99

牛津大学里的速度与激情 ········· 102

时间是最好的证明 ·············· 105

第四章　看到的是光鲜　看不到的是苟且

善斗也会输 ···················· 109

责任大于喜欢 ················· 111

假如给我三天光明 ············· 114

你的坚持终将美好 ············· 125

平凡女孩的演员之道 ··········· 129

美从何处寻 ··············· 136

少年印刷工——富兰克林 ········· 141

实现自我蜕变 ··············· 150

Y

第一章

做自己的主人

世界依然是那个世界

快乐与不快乐完全取决于我们对生活和人生的态度。

同样一个甜甜圈，在有些人眼中，因为它是甜甜圈，所以会觉得可口，所以感觉很开心；而在另外一些人眼中，因为它中间缺了一个洞，就会觉得遗憾而变得不开心。所以，快乐与不快乐完全是由我们自己决定的，而真正的快乐是从心底流出的。

有两个一起长大的女孩子因为特殊原因失去了父母，后来都被来自欧洲的外交官家庭收养。两个人都上过世界著名的学校。但她们两个人之间却存在着不小的差别：其中一个三十多岁就成了女强人，经营着一家颇有名气的企业；而另一个在国内某所学校任教，待遇不错，但她一直觉得自己很失败。

那年，在欧洲经商的女人回国了，邀请亲友邻居一起吃饭，也包括在国内任教的那个朋友。晚餐在寒暄中开场，大家谈论着这些年各自的发展变化以及所经历的趣闻轶事。随着话题的一步步展开，教师开始越来越多地讲述自己的不幸：她是一个如何可怜的孤儿，又如何被欧洲来的父母领养到遥远的地方，她觉得自己是如何的孤独。她怀着一腔报国的热忱回国，又是如何不受重视等。

开始的时候，大家都表现出了同情。随着她的怨气越来越重，那位经商的女人终于忍不住制止了她的叙述："可以了！你一直在讲自己多么不幸。你有没有想过，如果你的养父母当初在成百上千个孤儿中挑了别人又会怎样？"教师直视着她的朋友、那个经商的女人说："你不知道，我不开心的根源在于……"然后接着描述她所遭遇的不公正待遇。

最终，经商的女人说："我不敢相信你还在这么想！我记得自己25岁的时候无法忍受周围的世界，我恨周围的每一件事，我恨周围的每一个人，好像所有的人都在和我作对似的。我很伤心无奈，也很沮丧。我那时的想法和你现在的想法一样，我们都有足够的理由抱怨。"她越说越激动。"我劝你不要再这样对待自己了！想一想你有多幸运，你不必像某些孤儿那样度过悲惨的一生，实际上你接受了非常好的教育。你负有帮助别人脱离贫困漩涡的责任，而不是找一堆自怨自艾的借口把自己围起来。在我摆脱了顾影自怜，同时意识到自己究竟有多幸运之后，我才获得了现在的成功！"

那位教师深受震动。这是第一次有人否定她的想法，打断了她的凄苦回忆，而这一切回忆曾是多么容易引起他人的同情。

在不同人的眼中，世界也会变得不同。其实星星还是那颗星星，世界依然是那个世界。你用欣赏的眼光去看，就会发现很多美丽的风景；你带着满腹怨气去看，就会觉得世界一无是处。

有句话说得好，"凡墙都是门"，即使你面前的墙将你封堵得密不透风，你也依然可以把它视作你的一种出路。琐碎的日常生活中，每天都会有很多事情发生，如果你一直沉溺在已经发生的事情中，不停地抱怨，不断地指责，总觉得别人都比你过得好，总觉得生活错待了自己。这样下去，你的心境就会越来越沮丧。一个只懂得抱怨的人，注定会活在迷离混沌的状态中，看不见前头亮着一片明朗的天空。

摘自：孙郡锴《不是世界太喧嚣，是你的内心太吵闹》

几则小故事

会飞的鸭子

有两只相貌丑陋的小鸭子在芦苇塘边，其中一只黑鸭子不停地振翅欲飞。它飞起来又跌下来，摔得遍体鳞伤。白鸭子说："别飞了，我们是鸭子。"

有一天，黑鸭子终于翱翔于天空，而白鸭子的翅膀则早已萎缩了。白鸭子对同类说："你们看，那只能飞的鸭子是我的伙伴。"

同类们大笑："你疯了，那是只黑天鹅。"

励志感悟：无论你做什么，都要竭尽全力。百折不挠、全力以赴地去做一件事，你会收获成功的果实。人类的幸福在于沿着自己的道路不断进取，竭尽全力地达到最终的目标。生活总是给执着的人提供努力的空间。坚持不懈、永不停息的人

往往是最后的成功者。

退却与进攻

一只狼在路上遇见一只羊。狼说："我要吃了你。"

"狼先生，你要吃了我，我实在没有办法。不过，我提醒你注意的是，我可绝不只是一只普通的软弱无力的羊。我拥有强大的力量，足以战胜一头公牛。不信，你可以让我试试。"

狼哪里肯相信，于是，它找来一头力大无比的公牛，让它与羊搏斗。为了防止羊临阵脱逃，狼把羊和牛关在一间屋子里，自己在门外等着。

开始，狼在门外听见里面传来一阵阵咚咚的声响，后来，声音渐弱，最后，完全没有了声响。

"哈哈！说大话的羊一定被牛顶死了，该我去品尝美味了！"狼说着，打开了房门，要看看羊成什么样了。然而，从门内昂首阔步走出的，不是那头高大健壮的牛，而是矮小瘦弱的羊！

而那头牛呢？正躺在屋中，有进的气儿没出的气儿，它头上的犄角已经折断，鲜血满头都是。

狼很吃惊："天哪，那只古怪的羊怎么把你打得如此惨呀！"

"唉，其实，我是被我自己的蛮力打败的。我每次鼓足力气向羊冲去时，它都灵巧地一闪，而我就越容易撞到自己。而它呢，则越躲越灵巧，越闪退越得意。我就在它的得意和我的暴怒中受了重伤。"牛老老实实地向狼交了底。

"喔，狡猾的羊！原来它是以退避为进击呢，我得赶快抓住它！"

狼出门找羊，然而哪里还找得到呢？

励志感悟：退避的羊，成了这场较量中的胜利者。在行动中，有时候，暂时退却是一种最好的选择，也是一种最有效的进攻。

豪 猪 距 离

一群豪猪在一个寒冷的冬天挤在一起取暖。但是，它们的刺毛开始互相击刺，于是不得不分散开。可是寒冷又把它们聚在一起，于是同样的事又发生了。最后，经过几番聚散，它们发现最好是彼此保持适当的距离。

励志感悟：人与人之间的关系，也跟豪猪一样，需要保持一种相安无事的距离。人的本性中也带着刺，在相互交往中，也应要保持一定的距离，既不刺人，又不受人刺。人与人之间的关系就是这么微妙，既不能太亲密，又不能太疏远；既要相互依赖，又要保持各自的相对独立性；既要会合作，又要会相互分工。

冻死的寒号鸟

在古老的原始森林里，阳光明媚，鸟儿欢快地歌唱，辛勤地劳动着。其中有一只寒号鸟，凭着一身漂亮的羽毛和嘹亮的歌喉，到处游荡卖弄自己。看到别人辛勤地劳动，它就嘲笑不已。好心的鸟儿提醒它说："寒号鸟，快垒个窝吧！不然冬天来了怎么过呢？"

寒号鸟轻蔑地说："冬天还早呢，着什么急呢？趁着现在大好时光，快快乐乐地玩耍吧！"

就这样，日复一日，冬天眼看就到了。鸟儿们晚上都在自己暖和的窝里安详地休息，而寒号鸟却在夜间的寒风里冻得瑟瑟发抖，用美丽的歌喉悔恨过去，哀叫未来："哆啰啰，哆啰啰，寒风冻死我，明天就垒窝。"

第二天，太阳出来了，万物苏醒了。寒号鸟好不得意，完全忘记了昨天晚上的痛苦，又快乐地歌唱起来。

有鸟儿劝它："快垒个窝吧！不然晚上又要发抖了。"

寒号鸟嘲笑它说："不会享受的家伙。"

晚上又来临了，寒号鸟又重复着和昨天晚上一样的故事。

一天晚上，大雪突然降临。鸟儿们奇怪寒号鸟怎么不发出叫声了呢？太阳一出来，大家寻去一看，寒号鸟早已冻死了。

励志感悟：在人的一生中，"今天"是多么重要，把握今天就能成就自己。寄希望于明天的人，是一事无成的人。到了明天，后天也就成了明天。今天你把事情推到明天，明天你就把事情推到后天。一而再，再而三，事情永远没有个完。只有那些懂得如何利用"今天"的人，才会在"今天"所创造的成功事业的奠基石上，孕育着明天的希望。

雄狮最后的办法

一头雄狮住在密林里，跟一只猕猴结成了朋友。猕猴非常信任狮子，就把自己的孩子寄养在狮子那里。一天，一只饥饿的秃鹫寻找食物，趁狮子熟睡时，把小猕猴抓走，飞到树上去了。狮子醒来后，四处寻不见小猕猴。一抬头，却见秃鹫抓着小猕猴在树上，便恳求秃鹫说："这个小猕猴是我受猕猴的委托来护养的，没想到你抓走了，使我辜负了朋友的信任，请允许我向你讨还小猕猴。"

秃鹫说："去你的吧，我现在又饿又累，只想吃肉！"

狮子见秃鹫不会白白送还猕猴，为了不辜负朋友的信任，毅然剜下自己两肋上的肉，向秃鹫换下了小猕猴。

励志感悟：其实，有时候，权力和谋略确实可以帮助我们达到某种目的，但是它们绝不是万能的。兽中之王竟能为朋友而受折磨，果为大智慧、大勇敢。当我们面对信赖我们的人，是不是也应以诚相待呢？

白长了一把胡子

一只小狐狸不小心掉进一口非常深的井里，无法脱身。这时一只口渴的山羊来井边饮水，它看见狐狸在下面，就问井水味道如何。狐狸尽力掩盖自己的狼狈相，不断地称赞井水好得不能再好了。山羊一心想着喝水，听完后马上跳了下去。等它喝完了水，不再口渴了，才发现自己和狐狸的困惑。

这时，狐狸想出一个所谓共同出井的办法，它说："你把前脚抵在井壁上，低下头，我先踩着你的后背上去，然后再想办法把你拉上来。"山羊就照着它的吩咐做了。于是狐狸跳上山羊背，蹬着羊角，飞身跳出了井口，然后就要溜走。山羊气得大骂狐狸不守信用。狐狸转头回敬道："你这只笨羊！如果你头脑灵活，就应该在看清出路之后，再决定跳不跳，那样就不会有这样的危险了。真是白长了一把胡子！"

励志感悟：行动之前，先想好退路，才能立于不败之地。切不可草率行事。三思而后行，才是上策。看到利益就上，是会吃亏的。

来源：搜狐网

幸福是什么

生命的漫长与短暂、精彩与平淡，与别人都没有太大的关系，能够主宰你命运的，唯有自己的心。

随着时光的缓缓流淌，我逐渐老去，我的一生其实很简单，不论是对身边的人，还是对自己，我都没有太高的要求。只要能够做着自己喜欢的事情，每天都怀揣着欢喜的心情生活，对我来说就是莫大的幸福。

在我拿起画笔作画后，大家对我的画产生了浓厚的兴趣，每天都会有不同的人来拜访我，或者是从遥远的地方寄来信件。我尽可能地回答他们的问题，希望能够让他们度过欢喜的一天。

有一天，我打开了一封来自日本的信，写信的人叫春水上行，他在信中写到自己从小就十分喜爱文学，很想从事写作工作，但是他的家里人并不愿意他做与文学相关的工作，他们希望他能够找一份更为稳定的工作，于是，在家人的压力下，他选择了一份在医院的工作。时间一天天流逝，他并没有爱上这份工作，反而对文学愈加热爱。

这位叫春水上行的年轻人在信中苦闷地倾诉道，他已经快三十岁了，不知道该如何选择，是选择稳定的生活，还是去做自己喜欢的事情。

我从来不会为别人的人生进行规划，但我还是很想帮助这位苦恼的年轻人，于是，我给他回信，在信中鼓励他好好生活，并且告诉他做你喜欢做的事情就对了，上帝会高兴地帮你打开成功之门，哪怕你现在已经八十多岁了。

将回信寄出去后，我希望那位年轻人能遵从自己内心的选择生活，毕竟，你不喜欢的每一天都不会是你的，对于不是心中所想的生活，无论这生活有多么美好、多么安稳，没有喜悦的生活，都不是真正的生活。

对于生活，一定要发自内心地尊重与热爱。我尊重我的生活，并且热爱我周围的一切，但凡从我生命中经过的人或物，我都会去爱，或者微笑接纳，因为这些都是上帝馈赠给我的财富，只属于我的财富。

农场里高高堆起的草堆、地上小小的水洼、栅栏旁打着瞌睡的小狗、鸡舍前昂着胸脯的家禽……这些通通让我感到高兴，我将它们画到了我的画中，也将我的愉悦，通过画笔画进了画中。我想，人们喜欢我的画，也许正是因为我带着欢乐、带着幸福作画，所以，这些画也会让人们感到幸福。

在澄净明朗的天空下，我高兴地度过我生命中的每一秒，我将自己的欢乐，放进了一点一滴的微小事物中。

当夜晚降临，我躺进松软温暖的被窝里，我的孙女、孙子一一来与我亲吻道晚安时，我轻松地闭上眼睛，我知道这一天过得棒极了，而我也知道，明天太阳升起时，更棒的一天就要开始了。

我生命中的每一天，都是真真切切属于我的，因为我爱自己生命中的每一分、每一秒。幸福是一段没有终点的旅程。幸福是一个只要说出，就会觉得满足的词语。如果要问我，我这一生最幸福的时刻是什么时候？我真的会认真思索好久，也无法答出来。因为长期以来，我都觉得我的生活中，这一刻是幸福的，上一刻是幸福的，我时时刻刻都被幸福包裹着。

看到孙子长出第一颗牙齿时，我感受到了新生命萌芽的幸福感；听到孙女用稚嫩可爱的声音叫我祖母时，我感受到了天伦之乐的幸福感；每当开始创作一幅画作或者是即将完成一幅画作时，我感受到了生活充实的幸福感。

长期以来，我都觉得生活始终在以一种全新的姿态展开。在我年幼的时候，我的人生才刚刚进入轨道，那时候的我对未来充满了无尽的遐想，所想到的一切，不过是一些幼稚可笑的念头，但总结起来，也是我那时候对幸福的一种憧憬。

成年之后，我拥有了自己的家庭，有了可爱的家人，他们让我每时每刻都沉浸在幸福之中，有了他们的爱，我的人生变得更加完整。但我知道，我的人生还可以更加圆满，我不断依照内心的声音，去寻觅自己想要做的事情。

我的孙子曾不甚理解地劝慰我，他说："奶奶，你为什么一定要找些事情做呢？你就不能像其他老太太一样晒晒太阳、带带孩子吗？"

晒太阳、带孩子也是我喜欢做的事情，而且我每天也会这样去做。但除此之外，我有更加想要做的事情，这些事情会让我从内心深处获得一种满足感。我无法向外人表达出这种感受，总之，这样的感受让我觉得生活更加有动力。

还有人问我："你进行刺绣、学习画画，是因为你对眼前的生活感到不满吗？"我告诉他们并非如此，我对自己的生活从来都是非常知足的，我只是不愿意让我的心变得空虚，我在八十岁的时候努力画画，并不是因为我认为画画是一项我必须要完成的工作，也不是因为画画对我而言有多么不可缺少。

在我的意识中，画画就和喂鸡、刺绣是一样的意义。我做这些事情，是因为这样我能够感到更加快乐，能够感到更加幸福。这些事情，一点一滴地组成了我的生活，如果说生活是一段最终会抵达终点的旅程，那么，幸福本身就是一条没有终点的道路，我始终走在这条道路上，从未离开过。

我深知时间不会等待任何人，我也不会让时间去等我。

我是一个在农场生活的平凡老妇人，我所做的一切事情看起来都是那么平淡无奇，但因为我是怀着幸福感去做我生命中的每一件事情的，所以我的生命之旅、沿途都绽放了馨香的花朵，不仅仅是我自己，旁人也能够嗅到我的幸福微香。

生命是一段复杂的旅程，但幸福只是一个简单的手势，其实，你无须太用力，便能轻易拥抱到幸福。

幸福，是在你轻轻踮起脚尖，轻吻阳光的时候。

幸福，是在你偶尔垂下眼帘，一只蚂蚁从你脚面爬过的时候。

幸福，是在你并不知道幸福的含义是什么时，满心都溢满了幸福之情。

摘自：摩西奶奶《人生只有一次，去做自己喜欢的事》

当幸福来敲门

最近，老有人在网上问我说："储老师，你天天讲这个时代的痛点，说年轻人的机遇和成长，你能不能讲清楚一点，这个时代的痛点在哪里？"

我就拿我自己家里的故事给大家讲。

几年前，我不知道你们跟你们父母旅游过没有？到任何一个地方，只要能够有不花钱的可能，一律坚决不花钱。

到海南去，一百多块钱的海鲜自助不贵吧，全家上来吃，天伦之乐多好啊。不吃，我家老爷子，大学教授，坚决不吃。不吃，各种理由："我不喜欢吃海鲜，我吃腻了，我以前留学的时候吃海鲜你在哪儿呢？就不吃！庸俗！我抵制你们！"他拿出个干面包在旁边蹲着。没法弄，你得劝他啊，我说："老爷子，上桌吧。"

"我不吃，干吗花这个钱？"

我说："这个钱你必须得花啊。"

"我为什么要花？"

"你要被人拿手机拍一下，网上一传，你想什么标题？大学教授全家吃海鲜，副标题是：白发苍苍老父亲在旁边啃干面包。"我说，"你不能终结我的学术生命，帮我个忙，你坐上来好不好？"

可不情愿了："我就不喜欢吃，完全是为了你的形象。"

上来一坐，吃的比谁都多，还有一整套海鲜自助的经验：不准喝啤酒！喝啤酒占肚子。不要吃虾，虾太便宜了！吃贵的，吃贵的！

战斗两个小时，我吃不动了。我说我先走了，"不准走！两个小时就要走啊，你对得起那一百多吗？绕着桌子走两圈还能腾出空间来！"

我这么胖啊，我是受害者，完全是受害者。

但是上个礼拜，我爸给我打电话说："你也挺忙的，我们自己出去玩了。我领你妈走趟泰国。"我当时就笑了，我说："去泰国，你得带多少干面包，你一般的干面包不够。"

他说："你乱讲，信用卡！空手去，都订好了，我和你妈苦了这么多年了，花点钱，给她找点幸福挺值的。"

大家看到变化在哪里？几年以前宁愿遭罪，也要把钱省下来。而在今天只要你能让我快乐，只要我感到幸福，花钱我觉得值。

这可不是讲我爸的观念突然有了什么飞跃，不是这样的，而是这个时代在改变。

中国在过去这几年间，大家知道最大的变化是什么？就是消费成了拉动经济增长的钥匙。

今天讲的就是当幸福来敲门，它指的是，中国的经济正在由温饱经济走向幸福经济，"幸福"成了这个经济社会当中最重要的事情，人们愿意为幸福去买单了。而这个与我们的社会，与我们的国家，与诸位的未来，是紧密联系在一起的。

那么到底怎么样才能给别人提供幸福呢？它有两个秘密。

一个叫什么呢？我们叫"适应效应"，什么意思？幸福的诀窍是什么？就是给这个忙碌的社会，给这个焦虑的社会提供特别的空间，提供不适应的美妙感觉。

所以你会发现，咖啡馆现在越来越多了对不对？我们为什么要去咖啡馆？两块钱一袋的速溶咖啡到哪不能喝，你为什么要花二十、三十、四十，去到咖啡馆坐着，你不是冲咖啡去的，你是冲那样一个有别于你日常生活的独特空间去的。

你到咖啡馆会发现它跟火锅店有什么不一样？咖啡馆的服务员漂亮，火锅店经常遇到五十岁以上勤劳的中年女性，为什么？你有没有想过到底是为什么？因为吃火锅的时候你盯着的是这口锅，涮什么很重要，至于旁边这个人她不重要。

但是咖啡馆不一样，咖啡馆卖的是空间，卖的是这样一种对空间的微妙互动，而服务员作为空间里最重要的成分，她就非常的重要，所以咖啡馆的美女特别重要，这叫适应效应。

那么第二个叫什么呢？叫"比较效应"。幸福从哪里来？幸福从我感觉到每天都不一样、每天都有进步上来，幸福是一点一滴、一点一滴地进步，来提供给他人幸福的感觉。

我在前几年，跟一个商业项目有过很密切的接触，后来我放弃了。原因很简单，这是一家做游乐园的，他们特别自信地说："我们就追着迪士尼做，我们农村包围城市，所有三线四线都有我们的游乐园，我们一定干死迪士尼。"我说："为什么呀？你们怎么这么自信啊？""它有什么我们有什么，它有摩天轮我们有摩天轮，它有这个我们也有这个。"

我说："你搞错了，迪士尼的竞争力在哪里？在于它是卖梦的。它做的是软的，它更新的速度、升级的速度有多快你知道吗？而你做的是硬的游戏设施，做的是场地、设备，你在更新上能追得过迪士尼吗？"

所以如果你不能在升级上跟上这个时代的脚步，你也就不能给人带来幸福，所以比较效应和适应效应是现代社会幸福感的关键。

讲到这里，我有的朋友真的经常直言不讳地批评我说："老储啊，你老是督促年轻人，老是诱惑年轻人，老是告诉别人要怎么样适应这个社会，你难道不知道年轻人已经很焦虑了吗？他们压力已经很大了吗？你难道不能让他们静一静吗？"

我说点我的心里话，树欲静而风不止啊。一个除了梦想和冲劲一无所有的年轻人，你让他安静？你是在耽误他呀！

这不是一个大生产的时代了，不是一个流血流汗就能够吃好喝好的时代了。这是一个你必须提供你的特殊性、提供你的独特性的时代，能够给他人带来幸福，你才有存在的价值。这个话很残酷，但这却是这个时代真正的心声。

所以我们老讲，当幸福来敲门，它带给你的并不一定是幸福，它带给你的也许是挑战，是思考，是督促。

打开这扇门，了解幸福经济的秘密，跟上中国这一次伟大的社会转型，这是为了你们，也是为了我们，更是为了这个国家，让我们一起在幸福经济的快车里走得更远一些！

来源：《超级演说家》演讲稿

和世界赌一次

　　我的职业是一名英语老师，我从一开始就是一个爱较真的人，我从来不教别人我自己不相信或者根本做不到的事情，而这样的态度也被我带到了我的课堂当中去，在面对学生的时候，我从不教他们我自己不相信或者根本做不到的事情，在面对高考这个挑战的时候，所有学生遇到的第一重问题就是怎么搞定高考单词的问题，他们会告诉我说，老师，单词太难了，我根本没有办法搞定，而我却告诉他们说，你们之所以没有办法搞定单词，不是因为单词太难了，而是因为你们对自己下手太轻了，你们算得都很好，你们告诉我说每天背十个单词，到高考之前就刚好能把所有的单词都搞定，但是你今天背十个没问题，明天背十个也可以，后天你正拿起书要背单词呢，你们家隔壁小红就来找你出去玩，你高高兴兴跟着小红出去玩了。你想得也很简单，无所谓，大不了我明天背二十个就行了。但是第四天小红又来了，第五天小红又来了，当小红终于放弃纠缠你，你终于又拿起那本单词书之后，你发现你之前背过的那二十个单词已经忘了。于是你很无奈地从第一个单词又重新开始背起了，如此地周而复始你会发现，到最后你们那单词书拿起来都特别有特点，A那一部分摸得黑黑的，后面全新，所以我告诉你们，真正想要拿下所有的高考词汇，就应该对自己下手狠一点，只给自己七天十天两礼拜撑死不超过半个月的时间，把所有单词全部都拿下，然后在这样经过了地狱一般的七天十天半个月之后你会发现，剩下你要做的只不过是巩固和复习，而巩固和复习永远比背诵简单。

正如我之前所言，我从来不教给别人我自己根本不相信或者做不到的事情。正是凭借着这样的方法，我曾经两个月拿下了两万个词汇。事实上，我会告诉他们，不只是背单词、不只是学习，这个世界的逻辑就是如此的简单。如果你目标明确足够努力，你又不比别人傻，凭什么你就不能成功呢？后来我才渐渐明白，原来不是所有的人都跟我一样傻到只会跟自己死磕，原来有些人，他们所有的思维方式和逻辑走向都围绕着一个词展开，叫作捷径。老王头家的儿子为什么能够事业有成？因为老王头有钱，儿子有个好爹呗。老李头家的闺女为什么能够叱咤职场，因为脸蛋漂亮，有人罩着呗。拜托相信自己一点好不好，相信这个世界一点好不好，当然我不否认这个世界上有一些人因为捷径能够成功，但是你我已经如此平凡，我们为什么不凭借自己简单干净的逻辑和这个世界豪赌一场，看一看像我们这些凭良心吃饭、凭本事挣钱的人，有没有可能体面地活在这个世界上，有没有可能战胜那些肮脏的交易和虚伪的谎言。

正如我所言，我从来不教别人我自己不相信或者根本做不到的事情，我从来没有什么背景，但是纯凭个人的努力，现在的我受同行尊重，受老板器重，领着一份体面的薪水，而且在坚持做自己、坚持简单干净的逻辑的同时，我还收获了唯一不是凭借努力就能够得到的东西——爱情。在三年前，我在亲友的见证下牵起了我此生挚爱的手，没错，我们在一起不是因为合适，不是因为责任，也不是因为其他种种的因素，我们在一起是因为那浓得化也化不开的爱情。拥有过的人就会懂得这种两情相悦两心相知的爱情，是多么近于神迹的存在。跟世界豪赌一场吧，因为赌赢的感觉真的棒极了。

来源：《超级演说家》曹兰若冰演讲稿

我是如何逃离北上广的

大家好，我的职业是作家，我也是个退休教师，曾任教于上海同济大学，我今年65岁。我的另一个身份是一个病人，是准确意义上的疑似癌症患者。同时，我又是一个有着庸俗幸福的小男人——我有两个非常出色的儿子，一个特别体贴、特别温存的老婆，我们认识超过十年了，我们今天还在谈恋爱。我叫马原，我写小说。

我今天的演讲有四个关键词：一个是生病，一个是逃离，一个是桃花源，一个是书院梦。

我先从生病说起。2008年3月，我被查出肺上长了一个很大的肿瘤，有6.5×6.8这么大，很大。那么在第一个回合，我面对的很实际的一个问题、一个难题就是我的肿瘤是恶性的还是良性的？当时给我看病的主治医生，他非常有经验，他是一个教授，根据个人经验他告诉我，马老师，你要有心理准备，十之八九。他说的意思很明白，他说的是癌，是肺癌。

在之后的两年里，网上陆续就传出来"作家马原患肺癌去世"的消息。后来也有记者专门找到我，一个非常杰出的记者，他给我做了一个20小时以上的采访，最终写出了14 000多字关于我生病的报道。标题有点吓人——当马原面对死神。

当时为了配合医院，我做了生平第一次肺穿刺，因为要确诊。三天后结果出来了，而且似乎并不让人紧张，结果只有五个字，未见癌细胞。但是在我心里，这五个字掀起了巨大波澜。我忽然意识到，也许我人生的劫难就此开始了。根据医院的惯例，我还要做第二次、第三次、第四次肺穿刺。做肺穿刺，那是一个特别难熬的过程。

所以当时仅仅是要重复地做这个肺穿刺，已经令我毛骨悚然。我一想到要做两次、要做三次、要做四次，就非常紧张。于是我做出了在所有人看来都完全无法理解的决定：我不要治，我不治了，我要从医院逃出去。

当时我不是仅仅就那么想一下，我就是这么做的。我马上就从医院逃出去了，同时我逃出了上海，同济大学在上海，我当时和家人都在上海。那时候我心里有一个很个人很固执的想法，我得了治不好的病。

多数人生了病，面对疾病的时候，首先考虑的是怎么治，是开刀还是保守疗法，中医还是西医？可是我不想这个，我首先要解决的是，治还是不治。那么我既然已经得了治不好的病，我为什么要治？治不好的病强去治，结果想也想得出来。这就是我选择了从医院，从上海，从人们的视线当中逃离的理由，是我给自己的理由。

第二个关键词是逃离，我第一个回合逃去的地方是海口，海南岛的海口。因为海口有椰树牌矿泉水。别人听可能会觉得很滑稽，椰树牌矿泉水和你逃到海口有什么关系？

这是中国唯一在商标打上了国宴饮料的矿泉水。国宴饮料，那一定是好水。尽管我选择了不治，但我还是有我自己应对大病袭来的一个个人的方略，我想的是换水。人身体里面，不是说大部分构成是水吗，有70%之多。那么我就想，如果生命大半是水，是不是疾病也是以水为基础？我把疾病看成一个独立的个体，如果它也是以水为基础，我就想能不能够通过换水，让不请自来的疾病不请自去。

我的想法后来被证明是一个不错的选择。我既然选择了不治，就从始至终没对肺上那个肿瘤用过任何治疗的方法，既没开刀，也没用药，甚至连所谓的调理都没做过。我就是活生生地在我得了这么重的一个大病之后，什么事也没做过。如果说我做过什么，那么只是用换水一种方法，我跑去了海口，我用海口可以做国宴饮料的矿泉水置换上海的水。因为我就是在上海生的病，在上海被上海的水害了。

我的病情后来就是比较稳定，一直喝椰树牌矿泉水。所以这让我对自己的选择有了信心，于是寻找更好的换水环境。我在想，天下的好水一定不止海口，不止椰树牌矿泉水。我知道一个事实，就是出好茶的地方通常水都特别好，好水才能够养出好茶。

于是，我专门去了出好茶的地方。大家都知道海南的五指山，五指山有白沙白茶；然后还有阿里山，阿里山的冻顶乌龙；然后还有前几年特别流行的武夷山的金骏眉；最后，我到了出好茶的云南南糯山，就是我现在的家。到了南糯山，我就觉得我来对这儿了，所以就决定不走了。回去给我老婆报告，跟我老婆商量，在征得她同意之后，我们举家搬到了南糯山。

南糯山在中国地图上是在偏南的位置，紧贴着缅甸的那个部位，它是哈尼族的村寨。这个哈尼族有一支叫爱尼人，我就住在南糯山中段姑娘寨爱尼人的村寨里面。南糯山是一座有着千年历史的茶山，漫山遍野都是茶，当今栽培型的茶树王就在我们南糯山。

生了病，其实是一个挺奇妙的事。我经常会说，一场大病对人生其实是一个极好的馈赠，一场大病会把任意一个人，不一定是什么人，不一定非得是作家，他可以是一个清洁工，也可以是其他体力劳动者，那么任意一个人都有可能因为得一场大病，成为哲学家。这个不是开玩笑，你们想一下，如果一个人让他每天去面对自己的生，自己的死，那么你说他能不是哲学家吗？他一定是哲学家。生和死，这是最大的哲学。

说起来真是奇怪，我当时已经快60岁了，已经接近人生的终点，我居然开始关心起哲学来了，关心起"生"的命题。过往，我的职业比较偏于思考，现在，这个思考突然换成了思想。因为那些不变的，那些关于生与死的纠缠，它们每天缠绕着我，我不思想也得想。我开始关心起和先前不一样的、被完全忽略的一些东西。比如今天说起来大家都觉得很幼稚的生命三要素，这是我儿时就知道的三个要素：太阳、水、空气。说起来这些事情可能你们会觉得是一个很简陋，也是一个得了病的老家伙，很自恋的这么一个想法、一个念头。

那么接下来我再说一说第三个关键词——桃花源。我得夸夸我的南糯山，我的姑娘寨。这里有特别好的山，特别好的水，特别好的太阳，特别好的空气。我先说这个山，这是一座茶山，很大。其实说南糯山，它不是一个山，它是连绵起伏的，是一片山，有世界上最好的普洱茶。

我再说说水，我家里有一泓泉水，这是我一直认为我比你们所有人都奢侈的一件事情，就是我特别富有。我喝的水是我自己家里的泉水，是我院子里一块大石头底下流出来的。我拿到疾病控制中心去测，居然我的水完全达到直饮水的水平，连疾病控制中心的医生们都提出来，能不能去你家里拉水？我好多朋友只要上山，只要去我家，都带着水桶，要在我家的泉水上直接从地底下刚刚流出来的山泉。

我再说说太阳和空气。我住在北回归线以南，也就是我们惯常说的热带。西双版纳和三亚，这是中国仅有的两条"国家级避寒带"，我就在这个国家级避寒带上。但是我又住在大山上，我住的地方离西双版纳机场大概30公里，40分钟车程。但是西双版纳的热我家里就没有，就是因为从西双版纳到我家这30公里的路程，有大概1100米的高度差，海拔高度差。从机场500米到我家，就上升到1600米。这一段高度差刚好把处于国家避寒带上一个特别热的西双版纳的暑气给降下来了。

我家里常年最高温和最低温之差不超过20℃，这是特别奇怪的事情。那么由于湿度也特别适宜，所以对我来说，我最近几年经常卖我的一个个人的心得，我说人身体上最大的器官是什么，就是皮肤，让皮肤舒服，这其实是一个特别大的奢侈。

我在我的家里，我为自己盖了一个钟楼，我想敲钟的时候就敲钟。夏天山下最热的时候我家里也不超过25℃，晚上睡觉，三伏天还要盖棉被。现在我自己养了很多家禽家畜，我有两只狗、一群鸡、几只鹅、几只猫、一池塘的鱼，还有三只美丽的孔雀。所以说我现在的生活回到了上古，回到了老子所描述的充满鸡犬之声的情形。

第四个关键词就是书院梦。我把自己上山以后的这个生活做了一下梳理，我力争让自己在能力范围之内给自己设定一个目标。所以我现在生活里面最重要的一件事，是做一个书院。因为我是一个小说家，我是一个真正意义的地道的文人。对书，对书房，对书屋，对书院的那种向往，让我用了六年的时间造了九栋房子，这九栋房子就是我的书院，我特别为这个骄傲。

来源：《星空演讲》马原演讲稿

十八岁那年的高考

我18岁那年，最重要当然也是最难忘的事就是参加高考。在那个年代，中学生的人生目标就是考上一个好大学。舆论环境是考不上大学就完蛋。

很快，传说中的高考就要来了。老师加大了监管力度，家长配合，学生们努力，大家都向高考发起了最后冲刺。

我还是跟从前一样，按照老师的部署完成功课。老师们的考前训练计划做得周密而且针对性很强，只要跟上进度，就足够了。让我感到痛苦的是，想踢球也找不到几个人了，毕竟大家都很忙。

1986年，世界杯足球赛在墨西哥举行，比赛时间在6月初到7月初。

到底看还是不看呢？

父亲在世界杯开幕那天，跟我郑重地谈了一次。

他说："我们知道你很想看世界杯，我们也相信看几场球并不会影响你的高考。我们都觉得，到了这个时候，你该下的功夫已经下足了，没必要让你整天想着高考，搞得心理压力过大，看看球，调节一下，说不定你会有更好的状态。所以，我们决定由你自己安排起居时间和学习时间。因为，你已经18岁了，可以为自己负责了。万一，你高考成绩不理想，也不要后悔，更不要跟看世界杯联系上，大不了重考一次。"

当时，我觉得我的父亲简直是世界上最伟大的父亲。

我表示看球绝对不会影响高考复习，还和父亲一起选择了一些小组赛转播，等进入淘汰赛阶段再选择自己想看的重要对阵。

每一次熬夜看球之后，父亲都要帮我撒谎欺骗班主任，说我自己在家熬夜用功，白天可能会起得晚一点。班主任看我的历次模拟考试成绩都名列前茅，也就睁一只眼闭一只眼了。

我每天到学校后的第一件事就是向我的球友们绘声绘色地描述我看过的比赛。这也许就是我的"体育解说前传"吧。

转眼到了7月初，世界杯决赛开始了。

话说7月5日这一天，高三全年级进行考前动员，300多名学生和几十名老师集中在学校最大的阶梯教室里。前面的黑板上，用红色粉笔写着一行标语：一颗红心，两种准备！气氛之肃杀，令人联想起"风萧萧兮易水寒，壮士一去兮不复还"这样的诗句。

就在校长的考前动员讲话刚刚开始的时候，一个迟到的男生出现在了宽大的阶梯教室门口。他穿着一件普通的白色圆领背心和一条"的确良"裤子，脚踩一双塑料凉鞋，左手把书包从左面甩到背后，不好意思地硬着头皮走进了教室。

一瞬间，所有人的目光都投向了这个男生。他快步走到台阶处，迅速向高处的最后一排座位走去，那里有他的死党们提前给他留好的位置，他们都在那里等候他带来的"早间体育新闻"。弟兄们的目光如同救援战枪一样及时打响，一个个满眼的企盼和兴奋，不时用眼神暗示着预留位置的方向。男生终于坐了下来，消失在那一片黑压压的人群中，领导们的怒火暂时失去了目标。

"快说快说，谁赢了？谁是冠军？"声音小得根本不是听见的，而是我根据他们的口唇动作猜出来的。

"阿根廷赢了，3∶2。马拉多纳没有进球。比赛很精彩。"男生用最简洁的新闻语言把核心要点发布了，他摆摆手，暗示大家会后再说。

一堆凑过来的脑袋迅速回到了原来的位置。

多年以后，这个男生干起了体育解说，当年凑过来的打探球赛的那些人知道以后都说，这一点也不奇怪。后来这个男生又不干了，那些人又说，他不干也不奇怪，一定是不快乐了。他就是这样一个人，从小就是这样。

这个男生就是我。那一年，我18岁。

摘自：《晚报文萃》2010年

第二章

打开一扇门

记住微笑的样子

痛苦的感受犹如泥泞的沼泽，你越是不能很快从中脱身，它就越可能将你困住，乃至越陷越深，直至不能自拔。

厄运的到来是我们无法预知的，面对它带来的巨大压力，怨天尤人只会使我们的命运更加灰暗。所以我们必须选择一种对我们有好处的活法，换一种心态，换一种途径，才能不为厄运的深渊所淹没。

第二次世界大战期间，一位名叫伊莉莎白·康黎的女士，在庆祝盟军于北非获胜的那一天，收到了国际部的一份电报：她的独生子在战场上牺牲了。

那是她最爱的儿子，是她唯一的亲人，那是她的命啊！她无法接受这个突如其来的残酷事实，精神接近崩溃。她心灰意冷，万念俱灰，痛不欲生，决定放弃工作，远离家乡，然后默默地了此残生。

当她整理行装的时候，忽然发现了一封几年前的信，那是她儿子在到达前线后写的。信上写道："请妈妈放心，我永远不会忘记你对我的教导，不论在哪里，也不论遇到什么灾难，都要勇敢地面对生活，像真正的男子汉那样，用微笑承受一切不幸和痛苦。我永远以你为榜样，永远记着你的微笑。"

她热泪盈眶，把这封信读了一遍又一遍，似乎看到儿子就在自己的身边，用那双炽热的眼睛望着她，关切地问："亲爱的妈妈，你为什么不照你教导我的那样去做呢？"

伊莉莎白·康黎打消了背井离乡的念头，一再对自己说："告别痛苦的手只能由自己来挥动。我应该用微笑埋葬痛苦，继续顽强地生活下去。事情已经是这样了，我没有起死回生的能力改变它，但我有能力继续生活下去。"

后来，伊莉莎白·康黎写了很多作品，其中《用微笑把痛苦埋葬》一书颇有影响。书中这几句话一直被世人传颂着：

"人，不能陷在痛苦的泥潭里不能自拔。遇到可能改变的现实，我们要向最好处努力；遇到不可能改变的现实，不管让人多么痛苦，我们都要勇敢地面对，用微笑把痛苦埋葬。有时候，生比死需要更大的勇气与魄力。"

其实，生活中，我们每个人都可能存在着这样的弱点：不能面对苦难。但是，只要坚强，每个人都可以接受它。假如我们拒不接受不可改变的情况，就会像个蠢蛋，不断做无谓的反抗，结果带来无眠的夜晚，把自己整得很惨。到最后，经过无数的自我折磨，还是不得不接受无法改变的事实。所以说，面对不可避免的事实，我们就应该学着像树木一样，坦然地面对黑夜、风暴、饥饿、意外与挫折。

记住这些话：

其实天很蓝，阴云总要散；

其实海不宽，此岸连彼岸；

其实梦很浅，万物皆自然；

其实泪也甜，当你心如愿！

来源：搜狐网

世界会变，但梦想始终如一

我出生在美国纽约州一个叫作格林威治的小村庄里，我的父亲是一位普普通通的农夫，打理农场的同时，他还经营着一家亚麻厂。我在年幼的时候，读过几年书，读书时，我感到很愉悦，书中的世界令我着迷。

那个时候，我不止一次地幻想过，将来我要拥有一间属于自己的书房，在四周的墙壁摆放又高又长的书柜，然后在书柜上堆满各种各样我喜爱的书。

这个幻想一直停留在我的脑海中，我甚至在想象中，为我的书房安置了一把舒适的躺椅，还有一小排只属于梦中才有的美丽的灯。在这间书房内，横陈着各种书籍，我可以随意翻读。当然，这样的书房从来未曾出现在我的生命中。

后来，我不再读书，而是成为一名农场女佣，我的全部生活都在农场中进行，在我20多岁的时候，我嫁给了与我相伴一生的丈夫，生下了好几个孩子，我的孩子都很聪明可爱，他们爱我，如同我爱他们一样。

我的幸福不必言说，但时而也会在一个闲暇无事的午后，静坐在餐桌前，双手托腮地向往一些自己生命中不曾有过的事物。我会盯着自己身上那条洗得发白的长裙，向往几套时髦但不会很昂贵的裙装，当我穿上之后，好像贵妇人似的可以在脸上绽放高贵、优雅的笑容，如果再有两双合脚又漂亮的鞋子就更好了。

当然，我这一生也拥有过美丽的裙子、心爱的鞋子，但曾出现于我想象中的美丽服饰，却从不曾被我拥有。

我还曾经梦想过养许多可爱的动物，让这些灵敏的精灵般的生物，在我生活的农场里自由地奔跑。我曾把自己的一些想法，讲给与我相处融洽的几位朋友听，他们看着我一脸神往的表情，不置可否。

是的，我知道，梦想对于我是如此的重要，但在别人的眼中，或许会有些可笑。

当我因为关节炎不能刺绣后，有一天，我随意地坐在家中，抱着一个小小的暖炉取暖时，忽然想到了我昔日里的那些梦想，我觉得既然在现实生活中无法与自己的梦想真正拥抱，那我为什么不能把它画下来呢？

于是，我就真的拿起了画笔。一开始的时候，我并不知道自己应该画什么，甚至不知道自己应该如何在画板上画下第一笔。但是，没有关系，我只要自由地去画，将一切与我梦想有关的东西画出来就好了。

我努力地画，当我把自己的画拿出来后，大家开始赞叹，他们说没想到你能够画得这么好。我开始每天坚持不懈地画画，我画了许多看似平常的景致和事物，在这个千变万化的世界里，我画下了院子里几棵柔弱的小草，画下了夏天多变的乌云、雨后明朗的夜空，画下了孩子们懵懂却可爱至极的笑容。

在我的画中，我曾梦想拥有过的裙子、书房，还有动物，都一一出现了，它们好像真的曾经出现在我的生命中，在作画的过程中，一切的感觉如此真实，仿佛触手可及。

梦想的始终如一，让我在晚年的时候，获得了不可言说的喜悦之感，我感谢上天让我在年迈之时，还能拥有一双可以灵巧作画的双手，同时，我也感谢自己，有着能够在变幻沧桑的世界中，始终坚持梦想的胆量。

人们常常提到"生命的价值"或者谈论"生命的意义"，其实，有关生命的真正价值和意义，不过就是简单地相信：你曾经幻想过的那条裙子，最终会穿在你的身上，让美丽绽放在裙摆中。

摘自：摩西奶奶《人生只有一次，去做自己喜欢的事》

青春无悔

大家好，我是陈冬，一名航天员。很多人都说，我是上过天的人，应该什么都不怕了，但是今天来到这里，面对这么多护送我"上天"的人，其实我还是非常紧张的。但是，我觉得更多的是兴奋和激动，因为能来文昌，确实是我的一个梦想。为什么？因为你们能够这么近距离地看到火箭腾空而起，感受到地动山摇般的震撼。而我唯一一次是在火箭里面，是感受不到的。所以真的是非常期待有机会能够来文昌，亲眼看一次火箭发射。

一

平时无休止的训练和考验，造就了航天员们强大的身体耐力和钢铁般的意志。航天生活背后有着怎样的艰辛，航天员们又从中体验到怎样的快乐呢？

我加入航天员大队已经八年了，在这八年当中，我们始终是重复着比较单调的生活、永无休止的训练、永无休止的考验。但是在航天员大队有这么一句话：有一种生活，你没有经历过就不知道其中的艰辛；有一种艰辛，你没有体会过就不知道其中的真谛；有一种真谛，你没拥有过就不知道其中的快乐。所以在学习训练中，我们是去体会艰辛的。

比如说，我们最困难的训练是载人航天基础理论知识的学习，这是我们成为航天员之后面临的第一个难关，要在一年多的时间里完成三十多门课程的学习。最考验人的训练是狭小环境心理适应性训练，也就是七十二小时睡眠剥夺训练，即三天三夜不允许睡觉，而且还安排了大量的工作让你完成。还有最快乐的训练就是我们的野外生存训练，这也是为了我们在返回的时候没有落到指定的区域，比如说我们落在沙漠里，落在丛林里，落在高原地区时，如何进行自救、互救的一个训练。还有最累人的训练，我觉得应该是模拟水槽失重训练。我们会穿着舱外航天服在水中进行模拟出舱程序训练，这时我们做任何动作实际上是跟服装在做斗争，所以整个训练下来，服装里面会有很多很多的汗水，中午吃饭的时候，连筷子都拿不稳了。

经过六年的奋斗，我迎来了人生中最幸福的时刻，也就是我在"神舟十一号"里的三十三天。"神舟十一号"三十三天具有世界意义，因为它是我国第六次载人发射就实现了在太空驻留三十天的任务。而美国、苏联都是在近地轨道载人飞行二十多次以后，才开始进行太空驻留。我觉得这就体现了一句话——厉害了我的国。三十三天对人的一生来说真的非常短暂，它就像流星一样一闪而过。但是对于我来说，它就像一颗恒星一样，永远散发着耀眼的光芒，在我的人生中留下了浓墨重彩的一笔。

二

种种菜、遛遛蚕，你不知道的太空生活竟是这样。太空"丝绸之路"还会远吗？

我们这次任务的名字是空间实验室任务，所以我们参与了多达三十八项实验。我们当驾驶员操控飞船，当医生检查自己的身体，当修理员对设备进行维护、维修，当饲养员喂小动物，当菜农去种菜……

我最喜欢的实验就是"太空种菜"。随着飞行任务时间的不断增加，对我们的植物是有着非常重要的意义。首先，植物散发氧气，吸收二氧化碳，它是可以节省资源的。因为我们现在是靠带氧气瓶上太空来提供氧气的，二氧化碳吸收也是靠一种材料来吸附。其次是可以提供新鲜的食物。今年我看到一篇报道说，人的排泄物将成为航天员的新食物源。我的天！以后去月球，去火星，难道真的要吃这个吗？所以，能吃到自己亲手种的蔬菜是非常幸福的。当看到我们种下去的小种子发芽了，真的是非常非常开心，每天我都会去看看它有没有长高一点，有没有变绿一点，看得我们直流口水。

但是我们不能吃，因为这些蔬菜是我们返回地球后，提供给科学家做研究的。不过现在可以告诉大家，结果表明，这九颗蔬菜都达到了可以直接食用的标准。太可惜了，后悔当时没把它吃掉。

除此之外，我们还做了很多实验，"太空养蚕"这个实验我也是非常的喜欢。为了帮助这些蚕宝宝克服上升过程的载荷和振动，科学家们给它做成一个特制的胶囊式小房间，旁边是两个小盖子，然后在里面还放上一些海绵。我们进入"天宫二号"后的第一件事情，就是看看我们的小宠物是否还活着。我们打开盖子的时候，往里看就发现了白白的蚕宝宝，然后把那个海绵往外拿，发现它在动，当时真的是很高兴。在这个过程当中，我们发现一个蚕宝宝吐丝了。当时景海鹏师兄就拉着一根蚕丝，带着这个蚕宝宝在太空中飘，跟它玩了一会儿。

我们的网友也非常有才地形容了这个场景：航天员就是厉害，我们在地面也就遛遛狗，你们在太空可以遛遛蚕。回来之后，这些蚕宝宝也都破茧而出，而且我们的研究结果也表明了，蚕宝宝在太空吐的丝，它的强度和韧性是优于我们在地面时重力环境中吐的丝。所以我就在想，我们的蚕宝宝在太空也吐丝了，那么我们的太空"丝绸之路"真的也不远了。

三

在宇宙看地球的闪电，就好像地球在跟我们打招呼、做鬼脸。

其实三十三天过得真的是太快了，转眼就到了任务的后半段。有一句歌词说得非常好，夜深人静的时候是想家的时候、其实在太空的时候，我觉得可能会更想家，因为离地球，离祖国太远了。所以睡觉之前，我都会透过舷窗去看一看地球，看一看我的祖国，找找她在哪里。我们大的城市特别好找，因为灯光很亮、很密集，一下子就知道这个城市的规模是大还是小。我特别喜欢看晚上的闪电，在宇宙看地球的闪电，它就是一个小亮点，因为我们在上面的时候看下面是感觉没人跟我们打招呼的，但是当你看到这些亮点的时候，就好像地球在跟我们打招呼，在给我们做鬼脸。所以，那时候的感觉是非常不一样的。

你们说地球美不美？真的是太美了。白天，我们地球海水特别蓝，白云特别白，一个大实话，但是这两个颜色在太空格外醒目，因为地球的背景就是黑漆漆的太空。太空的日出日落就感觉那个太阳特别着急似的，刚开始它有一条美丽的弧线，黄黄的颜色，然后太阳开始慢慢露头，露头之后马上就开始变亮。它整个露头出来的过程很短，可能也就不到一分钟的时间，等它完全出来之后，这个光线就变得特别刺眼，不能直视它了。太阳出来之后，地球上就一半是白天，一半是黑夜。我在上面就看着那条分界线一点一点地在移动，我们的地球就像一个大表盘。我在白天也会经常去看，飞船的轨迹经过我们祖国的版图上空的时候，西边下面的山川河流，甚至特别小的小镇子都看得很清楚，轮廓很清晰。到了中部，开始变得模糊，到了东部基本上就什么也看不见了。所以我回来也经常跟自己说，也和周围的人说，地球是家，祖国是母亲，真的是需要我们每一个人去爱她，保护她，珍惜她。

四

我们不怕牺牲，甘愿为载人航天事业奋斗终生，因为我们知道，拼搏的人生最壮美，最泥泞的道路才能留下最深的足迹。为实现我们中华民族新时代的飞天梦想，不断起航！

任务已经结束了，三十三天很快，有人会问，陈冬你执行了"神舟十一号"任务，是什么样的感受？我觉得可以用两句话概括我的感受，第一句是我为祖国感到骄傲，是祖国托举我上天，让我展翅高飞，让我去实现自己的梦想，而我对祖国的回报却真的是这么有限。三十三天，所以我们会特别地想多看祖国两眼，所以在太空，我们是看祖国、想祖国，因为那里是我们的家园，是我们的牵挂。所以回到地面，我觉得能够表达的感情就是我为祖国感到骄傲。

第二句话是祖国利益高于一切。当我是一名飞行员的时候，那时候我是战斗机驾驶员，对敌目标精确打击是我们必须掌握的技能，除此之外，还有一项技能是我们每天必须反复练习的，深深地印在脑子里的，就是我们的飞机如果在天空发生了故障怎么办？首先我们要保障飞机的安全，因为这是国家财产，如果飞机的安全保障不了了，我们要把它飞向无人区。因为飞机就是一个铁疙瘩还带着油，落到哪里都是一颗炸弹，所以我们要确保人民财产安全，把它飞向无人区，实际上这两步做完之后，最后才会考虑到我们自己的安全。所以为什么很多飞行员最终牺牲了，不是说他没有机会去跳伞，而是面对国家财产、面对人民财产，他选择放弃自己的安全。

成为一名航天员，在加入航天员大队的那一天，我们面对五星红旗宣誓：我们不怕牺牲，甘愿为载人航天事业奋斗终生。我想这是我们全体航天员对危险的认识，当然也有人问我们，你们明知道航天员这个职业这么危险，难道你们不怕吗？其实我们和大家一样，都是一个普通人，也会害怕。但是在祖国利益面前，我们觉得值得我们用生命去交换。其实航天这条道路非常艰辛，前方会有困难、挫折，甚至是危险，但我们航天人却是义无反顾，勇往直前，因为我们知道，拼搏的人生最壮美，最泥泞的道路才能留下最深的足迹。

我虽然完成了"神舟十一号"任务，但这也仅仅只是一个开始，习主席在我们完成任务之后，接见我们时也说道，星空浩瀚无比，探索永无止境。我们的载人航天工程三步走发展战略的前两步已经顺利完成了，下一步就是建立我们国家的空间站，也许到那个时候，我们会在上面待三个月，甚至是半年，那需要我们学习、掌握、了解的东西会非常多。现在我们全体航天员已经全身心地投入到了日常训练中，开始备战我们的空间站任务，而我又回到了"神舟十一号"之前的状态，随时准备接受祖国的挑选，去执行更为艰巨的任务，为实现我们中华民族新时代的飞天梦想，向着空间站，向着月球，向着宇宙更高、更远、更深的地方不断起航。

来源：《开讲啦》陈冬演讲稿

学霸是怎样炼成的

与很多孩子一样，童年时代的吴恩达也被父母要求着学习钢琴、小提琴，他说对此不喜欢也不讨厌，他觉得作为孩子，这样也是应该的。多乖的男孩子，我不禁问他："你有没有过一点叛逆？"

"我觉得在学钢琴方面，我并不叛逆。我童年不一样的是，当我在学校考了高分，父母总是会大惊小怪。我每次考到A，他们总会说：'吴恩达，你好棒！'久而久之，每次考试我要是考了高分，我就瞒着他们，因为我不想让他们大惊小怪，我不想让他们知道我考得好。我觉得这有点怪。"

"无敌是多么多么寂寞，无敌是多么多么空虚……"不知道为什么我的脑海里瞬间飘过这句歌词。玩笑归玩笑，我想吴恩达的父母一定为儿子骄傲。再往后，吴恩达就开启了学霸的彪悍人生——在美国计算机科学方面最好的大学——斯坦福大学、麻省理工学院、卡内基·梅隆大学、加州大学伯克利分校，都被吴恩达读了一遍。

能在这四所大学度过求学时光，并且从那些优秀的计算机科学家那里学习，吴恩达觉得非常幸运。创新未必只是你成为某个专业领域的专家，它需要你有渊博的知识、宽广的眼界，这样才会产生改变世界的新观点。

在AT&T贝尔实验室的时候，吴恩达遇到迈克尔·卡恩斯（Michael Kearns）；在卡内基·梅隆读本科时，吴恩达遇到安德鲁·摩尔（Andrew Moore）、汤姆·米切尔（Tom Mitchell），这些导师都对他产生了巨大影响。"我想当你年轻时，能遇到长辈级、前辈级的导师，那将改变你的人生。所以我希望像我这样年长一点的人可以花一些时间去帮助年轻人，我也希望年轻人能找到他们的导师。"

接下来，我分享一下与这位学霸科学家的"一问一答"，希望可以给大家一些启发。

Q：你现在的阅读日程是什么，一个月读多少本书？

A：我想我平均每周可能不只读一本书。我有一个亚马逊Kindle，大约有1200本书。我没有都读，可能至少读了1/2吧。我读的书几乎比我所有的朋友都多。

Q：你说创新不是幸运的、随机的、不可预知的礼物，而是一个非常系统的自我教育的过程。你能详细说明一下吗？是什么让你意识到这一点的？

A：我发现，在研究领域，如果你读了足够多的研究论文，不只是10篇论文，可能是50篇，甚至更多篇，当你学得足够多时，你的大脑就会开始产生新的想法。你可以在家玩电脑玩得很优秀，你也可以阅读、学习、参加在线课程，学习一些知识。如果你每个周末都在打电脑游戏，年复一年，你的职业只会朝一个方向走去。但是如果你每个周末都在学习，也许不用很多年，只需要一年，你的职业生涯就会好得多，虽然短期没什么回报。如果你整个周末都在阅读和学习，接下来的那个周一，你的工作可能不会变得更好，你的老板不会知道你学习了，没人去表扬你。因为你才努力了两天，这不够。但是秘密就是，你坚持一年，每个周末都这么做，你就会变得很棒！

Q：现在有些大学生辍学去创业，你会鼓励这些有伟大想法的年轻人吗？

A：我认为，如果你正在上大学，你可以从伟大的教授那里学到很多东西。年轻人不擅长的一件事是长期规划，这不只是说你未来两年能做什么，这是关于你可以为你未来四年的生活做什么。

Q：你说追随自己的激情不是一个伟大的职业建议。对于那些对自己真正想做什么，或有能力做什么却有点不知所措的年轻人，你有什么建议？

A：我认为追随自己的激情是我们给年轻人最坏的建议之一。我认为你首先擅长某事物，然后你变得对它充满热情。

今天，我倾向于根据两个标准选择工作，我建议年轻人也这样。第一，我选择我最了解的方向，因为对自己未来的投资将在很长一段时间内得到回报。第二，尝试选择可能会对世界产生有意义的内容。即使是今天，我也是这样选择工作的。

我试图找到我不断学习的东西，并尝试寻找一些真正能帮助到人们的事情。

Q：除此之外，你还有什么只是因为乐趣而做的事情吗？

A：我想说，我真的很喜欢读书。我想我在学很多东西，有些会变得没什么用，但是也有一些会变得有用。但比这些更重要的是，我觉得这么做也很有趣。

读了上面这段文字，你Get到学霸是怎样炼成的了吗？

来源：搜狐网

父　亲

今天我演讲的题目是《父亲》，既然要说父亲，当然得从女儿说起，女儿推出产房的那一瞬间，当我看到她的时候，不是惊喜是惊恐，我当时就问护士："是不是拿错了，为什么长得这么丑。"护士看了我一眼说："女儿都是随爸爸的呀。"我就释然了很多，然后还是没有欢喜，心里充满的是很仓皇的感觉。

为什么会仓皇呢？我一直在问自己，我到底做好了一个做父亲的准备吗？什么样的父亲是一个合格的父亲呢？这个问题我完全没有头绪，所以我就带着这个问题回去问我的父亲。

在我的整个童年印象当中我都非常非常少地跟我父亲说话，因为我根本都见不到他，他是一名警察，四十多年的老警察，在隐蔽战线工作，这就意味着他不仅很少回家，而且在他不回家的时候他在哪儿他在干什么，我和我的母亲都不可能知道，也决不能去问。

我父亲出生在湖北省黄陂的一个小村庄，书读的不多，架打的不少，五岁开始习武练拳，身体倍棒。1971年，那年他18岁，他第一次穿上了警服，成为一名光荣的人民警察。

1978年的时候，"文化大革命"刚刚结束，中央第一公安民警干校在沈阳重新开始招生，我的父亲非常荣幸地成为中央警校1978级的学员。我父亲长得非常帅，但是做警察这件事情颜值是没有用的，要看本事，他本事到底怎么样呢？警校毕业没多久，他遇到了人生中第一个大挑战。

1981年1月2号，湖北省铁山区一座军火库失窃了，被偷盗的军火，手枪、冲锋枪、半自动步枪一共十六支，子弹五千八百多发，手榴弹六十多枚，这是中华人民共和国成立以来在被偷盗军火数量上难以企及的一次军火失窃案，震惊全国。

我父亲当时在外地办案，被迅速地召回，他当时已经有两个多月没有回过家了，这一次连家门都没有进，直接到了一线进行拉网式搜索。他先是在一个水库边找到了手榴弹试爆的痕迹，然后在水库边的一张厕纸的背面找到了残存的指纹和笔迹，一步一步地缩小着搜索的区间。因为铁山区是崇山峻岭，搜索难度非常大。

那一天他和两名干警开着一辆吉普车一户一户地排查摸底，山中有一座老房子，平时并没有人去住，但那一天我父亲在外面一看窗户里人影憧憧，便觉得有点奇怪，于是跟另外两个同事说："这样，你们在门口稍微帮我把一下，我进去探探什么情况。"

推门进去，中间一张大圆桌，七个壮汉一下全部都站了起来，所有人都看着他。我父亲进门第一件事情是看地上的脚印，地上的鞋印跟当时失窃的军火库的鞋印高度吻合，他就大大咧咧地笑，一边笑一边往里走，"大家聊什么呢？"所有的人都看向这七个人当中的一个——这个团伙的头目，这位头目也没有停，慢慢地向桌子的左后方挪动，后面有一张床，他慢慢地把手伸向枕头的方向。

我的父亲一秒钟都没有停顿，一个箭步来到他的身后，右手先一步把手枪从枕头下面抽出来，左手手臂锁喉，右手手枪抵头，然后对着所有人说："不要动，全部都不要动，把枪放下。"剩下的六个人掏枪的掏枪，解衣服的解衣服，一圈一圈的手榴弹，情况万分危急，怎么办？

出乎所有人的意料，我父亲把左手松了下来，他不仅把左手松了下来，还把右手那把手枪递到了那个头目的手上，他掏出了自己枪套里的那一把64式手枪放到了桌上，跟着把自己的警官证一起推了过去。

我父亲从我小的时候就跟我说战士的生命就是枪，任何时候枪不离手，但是在那一瞬间，他把他的生命推了过去。其他人把枪都放了下来，那个头目也回头看他，"你什么意思？"我父亲还是笑，"你知道就这个屋子我们已经盯了多久了，就现在外边里三层外三层，军方警方已经全部围死了，里面只要枪一响，外面立马开火，一个人都活不下来，肯定的。我今天敢进来，就根本没想出去，我来是跟你聊聊天的。你是老大吧，你知道你今天偷的枪支弹药的数量被法院抓了怎么判都是死刑，我来是因为我这有条活路。如果今天你放下枪跟我走，我就敢用我的命保你这条命不判死刑。你信我，就把枪放下，跟我出去还有活路，你不信我，开枪，一起死，你选。"

我父亲后来说这是他人生中最漫长的两分钟时间。两分钟之后，老大放下了手中的枪，伸出了双手，让我父亲拷上，出门上吉普车的后座把老大铐在吉普车后座的栏杆上，我父亲才扭过头小声跟随行的两名警员说："赶紧通知军方过来。"

十多分钟之后，大批的作战部队赶到，真真正正地把这个房子里三层外三层围了起来，所有的罪犯一一被铐了出来，三名警员一枪未开，滴血未流，所有嫌疑人抓捕归案，所有的军火完璧归赵，震惊全国的铁山1·2特大枪支弹药失窃案至此彻底告破。在法庭判决的时候，我的父亲出庭作证，据理力争，认为主犯有重大立功情节，最后法庭判决主犯死刑，缓期两年执行，因为主犯在监狱当中表现良好，减刑至二十年。庭审结束后，这个主犯、这个老大的老父亲，八十多岁，头发花白，涕泪横流地登门致谢，感激对他儿子的救命之恩。

我讲的特别像一个小说或者像一段故事，这是历史，这是我手中的这一枚军功章背后的历史。从这枚军功之后，我的父亲正式进入到国家隐蔽战线工作，这也注定了刚才这个故事成为他职业生涯中为数不多的、我可以在这里跟各位分享的故事。在之后的岁月里，卧底、潜伏、枪林弹雨，我都已经无从知晓了，我作为儿子能看到的只有他身上的枪痕弹眼，那是无数次与死神擦肩而过的痕迹，我问他的时候，他只是沉默和微笑。

我父亲最喜欢的一首歌是刘欢老师的《少年壮志不言愁》，那是电视剧《便衣警察》的主题曲：

> 几度风雨几度春秋，
> 风霜雪雨搏激流，
> 历尽苦难痴心不改，
> 少年壮志不言愁，
> 金色盾牌热血铸就，
> 危难之处显身手，显身手，
> 为了母亲的微笑，
> 为了大地的丰收，
> 峥嵘岁月何惧风流。

我父亲是中央警校1978级学员的班长，他们同学之间经常会打电话，聊着聊着有一位同学牺牲了，聊着聊着又有一位同学牺牲了，他们牺牲在哪里不知道，他们为什么事情牺牲不知道，因为还没有过保密期。

各位，我们目力所及的、习以为常的平静和安宁的背后，到底由多少鲜血和生命铸就，每当想到这些连声响都没有的逝去，连丰碑都没有的牺牲，我只能从自己内心最深处向他们致以最崇高的敬意。屏幕上还有一张照片，是我父亲的一张登记照，从我初中毕业开始，我就把他的这张照片放在我的钱包里，一直到我博士毕业都在。

父亲之于我，早已不再是偶像的地位，已经有一点类似于信仰的味道，他的那张照片很多时候使我感到安心和踏实，我看到他的样子就仿佛看到了忠诚，看到了智慧，看到了勇气，看到了奉献。每当我彷徨无依的时候，我就会问自己，如果是我爸爸在，他会怎么做，当我睁开眼睛，我就可以看到方向，我就可以感受到心底深处那股无尽的力量。

父母是孩子永恒的生命范本，到底怎么做才能成为一个合格的父亲，也许我已经找到了答案。你想让孩子成为一个什么样的人，你就先做一个那样的人给他看。

芷诺，我的女儿，虽然你现在还听不明白你父亲的这篇演讲，但我希望等你到了我这个年纪的时候，提到你的父亲你也可以有好故事可以说，你也可以自豪地微笑，你也可以由衷地骄傲。

献给天下所有的父亲！

来源：《超级演说家》陈铭演讲稿

一个母亲的沉默与坦白

刚才我看到了张杰的粉丝会，也看到了杨紫的同学会，我今天没有邀请任何的亲朋好友来到现场，我就想以一个普通人的身份说说我自己的故事。

就在刚刚我出门之前，我的儿子安迪问我，妈妈你要去干吗？我说我要去做一个演讲。他问我讲的是什么内容？我说跟大家讲一讲妈妈的故事。他说好吧，那你去吧，我相信你会讲得很好。所以我就带着他的鼓励站在了这个舞台上。其实我今天来《星空演讲》，也是因为他。自从我出道以来，一直都有各种各样的声音围绕在我身边，我很少去回应什么、去解释什么，因为我觉得，与其让别人的说法牵着你走，还不如把时间用在认真地过好自己的生活上。

但是我觉得这几年，我有点儿变了。是因为我的儿子，确切地说，是因为我的两个儿子。我的大儿子明年就要上学了，也就是说，他要开始依靠自己一步一步地走出家庭对他的保护，去理解自己是谁，去学习怎么和人相处、交流，以及去接触更为真实的世界。我对于这个是非常有感触的。在当母亲之前，我也是个普通的女孩子，爱好艺术。我很感谢我的父母，他们从小非常支持我，支持我发展自己的兴趣爱好，支持我、鼓励我走自己的路，支持我报考电影学院。可以说，在我20岁以前吧，都是无忧无虑的。20岁之后，我成名了。到现在我都会觉得出演《功夫》是非常幸运的，是一件可遇而不可求的事。但对于20岁的我来说，成名意味着不仅仅是鲜花和掌声，还有很多后续的内容，是我完全都没有准备好的。比如说我接受了采访，出来的报道完全不是我的本意，更不用说那些连我自己都不知道的，所谓的"黄圣依爆料"在网上流传。我花了很长一段时间去理解这个事情，被人评价是作为演员、作为公众人物不可避免的现实。既然你选择了这份工作，你享受了它带给你的掌声，那么你就要承受被别人批评、评论的义务。我理解记者这个职业，我觉得这是我成长过程中一个非常重要的认识，到现在我有能力，不管别人说什么，都按照自己的想法去工作、生活，去安排自己的事业和家庭，那是因为我很早就已经理解了记者这个职业。

在学习上，我是一个不会懈怠的人。我记得那个时候读电影学院，周末我还会去到人大学习英语。即便是现在，我还在清华学习一个文化课程。我一直愿意主动地去学习知识，因为我觉得学习的过程让我感到非常愉快、充实，而且学习文化知识，带给我的感觉，甚至要比学习怎么在娱乐圈生存更有意义。

在感情上，我也是比较有主见的一个人。我会坚持自己的想法，十年以前我和我的先生杨子结婚了。哦，那个时候他还不是我先生。即使我知道他其实有过一段婚姻，还有一个女儿，但是他们并没有和女儿说父母已经分开的这个现实。她们过着非常平静的生活，在海外。我当时就在想，如果我宣布了婚讯，结婚的消息，一定会给她们的生活带来影响，也许就会破坏她们原来平静的生活。特别是对于一个圈外的女孩子，她是那么需要呵护。如果只有我保持沉默，大家都能够得到保护，那我为什么不这么做呢？

我自己并不是一个从小被保护而长大的孩子。我记得小的时候，我的学校离我住的地方比较远。那个时候我周一到周五为了上学方便，就住在离学校近的那套房子里，我自己做饭，自己洗衣服，自己骑车上学，自己补习功课，自己做作业，爸爸妈妈下班以后会到家里来给我做一顿饭。我从小就没有觉得年纪小就代表着能力少，因为我14岁就一个人出远门去旅行，18岁就考电影学院，这些人生中的很多重要的决定，都是我自己来做的。当你意识到你代表的不仅仅是你自己，你还是一个母亲的时候，你的想法就改变了。当爱孩子超过爱自己，你做什么都是以保护孩子为出发点的时候，你会觉得你不能对一个孩子，不能对这件事情任性。尤其是可能会伤害一个年轻女孩。我先生后来对我说，他觉得我其实挺不容易的，那段时间我真的不知道怎么去面对媒体，因为记者一定会问到关于黄圣依和杨子是什么关系，所谓的这样的问题。我是一个既不喜欢撒谎，也不擅长撒谎的人，我不知道怎么回答他们。可是我也有责任有义务保守这个秘密，保护孩子，我作为演员，又回避不了接受采访这样的现实，我只能说一些模棱两可的话，但是每一次我的内心是非常挣扎的，也很纠结。

每个人都知道，在娱乐圈，要保守一个秘密有多难。一直到现在，我都会想，前几年为这个事情承受了很大的压力。很多知情的家人还有朋友，他们常常会为我抱不平，他们觉得为什么你不说出来？明明是正常的恋爱、结婚、生孩子，却莫名其妙地被人误会，遭受到伤害。可是我从来没有后悔过，真的很感谢《星空演讲》这个舞台给我这个机会，能让我把藏在心里很久的话说出来。

很长的一段时间我一直相信，这种做法对孩子是最好的，即便是我有了宝宝还是这样认为。一开始我也是这样保护他，我尽量为他遮风挡雨，屏蔽掉一切我认为对孩子不好的东西，不希望孩子看到的东西，我相信在座的父母，这也会是你们的第一反应，对不对？

但有一点我和大家不一样，就是我和杨子是公众人物。如果我们要保护孩子不被曝光，那么最基本的一点就是减少和孩子的接触，尤其不能在公开场合。比如一起去游乐场玩，一起接他们上下学，甚至在一个晴空万里的早晨，带着孩子到楼下去散散步……这一切对我来说好像都是一个奢望。因为我不知道被曝光以后会给孩子带来什么，所以我只能把孩子放在爷爷奶奶或者外公外婆的家里，有时间就去看他们。我不知道是不是在这样的环境下，孩子特别懂事。安迪在小的时候，有一次我在北京工作，结束了以后开了好几个小时的车去看他。他见到我非常兴奋，他跟我说，"妈妈，你辛苦了，有你的地方才是家。"我当时特别惊讶，这么小的一个孩子怎么能说出这么懂事的话？对这样的一个孩子，大人的一些紧张情绪会感染他们，他们也是有感触的。安迪从小就不喜欢拍照，他会下意识地躲避镜头。比如在家里，我拿着手机拍他，他都会用手捂在脸上，说不要拍不要拍。这一点其实挺像我的，因为我是一个除了工作以外，不太喜欢拍照的人。而且演员有时候被偷拍到的，都会是一些不好看的照片。但是我不知道孩子为什么会有我这样的情绪，尤其是他是被我保护着长大的，他从来没有接触过外界的舆论，为什么他会产生这样的一种意识——被偷拍就是不好的事情。

通过这件事情我开始思考，也许安迪是一个有能力接触、面对真实世界的人。可能他并不需要我们去帮他屏蔽掉什么，反而在我们提供保护的同时，那种紧张的情绪会影响到他。对这个问题我和我先生讨论过，还没有任何结果的时候，孩子就已经被曝光了。两年前，安迪和我的照片被放在网上，这件事情可以说推了我一把，让我们终于决定公开婚姻的状况，一方面是因为我先生的女儿已经长大了，而且已经懂事了；另一方面安迪是个男孩子，我不希望他长大了成为像妈宝那样的孩子，躲藏在父母的身后。他应该去见些风雨，这样对他的成长也许会更加有帮助。所以大家看到，我们变了，这两年的时间，从原来的模糊其词到现在的坦诚公开。

今年一月，我的二儿子出生的时候，我先生很主动地跟大家分享了几句。就在几个月前，我也是第一次在微博上公开了我们一家四口的全家福，得到了很多人的祝福和理解，在这里谢谢大家。当我卸下了这个包袱，我突然觉得非常轻松，我有更多的空间跟孩子相处。孩子也不光可以看到我在家里的样子，也可以看到我工作中的样子。

这种情绪上的帮助与提高，也让孩子感受到很多阳光的东西，我觉得言传身教不只是陪着他们玩耍，满足他们的物质需求，而是让他们看到父母在工作上的雷厉风行、兢兢业业，成为他们精神上的榜样。在我的眼中，豪门也不应该是用物质来衡量的，而是精神层面上的豪门，所以我更希望培养孩子的独立、自强。今年夏天我带安迪去游泳，一开始的时候他不肯下水，任凭我怎么哄怎么劝，他还是站在那儿。我说好吧，我自己来，我就跳下去了。后来，我上岸之后，他悄悄地告诉我，他说妈妈我也想学游泳。我知道，他第一次下水是很害怕的，但是这个孩子就是这样，他从小就已经体现出来，自己说过的话，害怕也要完成。而且他还特别积极，他把游泳整个过程都坚持下来了，而且每个泳姿都要学，现在游得非常好。

我的先生常常感慨，他说我的时间和青春好像都已经转到孩子身上了。他总觉得我还是个小姑娘，可是转眼之间，我已经是两个孩子的妈妈了。我觉得孩子是我的老师，我人生中最重要的那些成长都是因为孩子。我学会了付出，学会了接受，学会了承诺，学会了坦荡，学会了即使再爱一个人，也要给他空间去让他成长，学会了不管什么时候、什么状态都要不断进步、永远进取。因为你知道，你是他的榜样。

今天我站在《星空演讲》的舞台上，因为我有两个儿子，曾经我以为最好的方式是保护他们不被大众看到、不被大众评论，但是现在我觉得最好的方式是站在这里，告诉所有的人，我爱我的儿子！勇敢地面对曾经回避的问题，做他们最好的榜样。

来源：《星空演讲》黄圣依演讲稿

你会说中文吗

今天来参加这个节目我真的很紧张，因为我要用世界上最难的语言讲东西，所以我想给大家道个歉，因为我的普通话没那么好，有的人说我有河南的口音，有的人说我有东北的口音，有一些中国人还向我学习，经常有朋友会问我你好，你会说中文吗？你能听得懂我说的话吗？每次弄得我莫名其妙的，你们现在不用看我开着玩笑说这个事情，因为以前我会特别烦人，因为在国外如果有一个人模仿你的口音，说明他是在嘲笑你，所以以前我一直搞不明白为什么有的中国人对新的朋友会那么不友好。换位思考，你们到了国外，你们说外语大家模仿你们中国的口音，你们会爽吗？也有一些小的地方让我感觉也很奇怪，好像有的中国人觉得我是从外星来的，比如说我走在大街上大家会盯着我看，或者是突然有一个人阴阳怪气地跟我说Hello，或者是有一些人会偷偷地拍我，或者是我在地铁要看书，所有的人要跟我一起看，看我在看什么书，我当时觉得为什么会这样。因为这些原因我差点打包想回国，但是我一直很奇怪为什么会这样，所以我就留下来了。

那在接下来的日子里我认识了更多的中国朋友，他们就会跟我解释，他们告诉我有一个人模仿你的口音，他觉得跟你一模一样的语气你会更听得懂他说的话。我现在在中国已经待了六年，现在我发现我真的挺喜欢这里的，因为我发现中国人够哥们儿，因为在国外当你碰到了问题，你的朋友是不会帮你的，等你把这些问题解决好了之后再过来跟他们一起玩，但是在中国不一样，帮助朋友是理所当然的。

所以我感觉中国人很热情，但是今天我想通过我的演讲，让我们中国的观众更多地了解我们外国人的想法，因为你们可能会觉得我们外国人的口音很可爱，模仿我们很有意思，但是对一些刚到中国的外国人，尤其是对中国文化一点不了解的外国人，就会显得有点不太礼貌，说不定会被你们吓跑。今天我想通过我的演讲，让我们外国的观众也知道，如果有中国人模仿你们的口音，你们放心，他不是恶意的，因为他想把你们之间的距离拉近。我们都知道西方和中方文化差别是存在的，每个人有不同的想法，尤其是来自不同国家的人，但是通过互相的尊重、帮助和理解，我们可以把文化误解转变成成功的文化交流。

来源：《超级演说家》最励志的演讲稿《洋妞在中国》

一个人最好的教养

有人说，人一生最大的资本，是骨子里的教养。那什么是教养呢？为别人着想的善良、根植于内心的修养，就是一个人最好的教养。

一

一个小男孩低着头，一瘸一拐地在路上走着，迎面走来的陌生小哥看到后，本能地给了他一个鼓励的亲吻。小男孩先是一愣，继而羞涩地露出了久违的笑容。

很多时候，我们总觉得自己不值得被爱。可陌生人一个善意的鼓励，都让我们感动良久。所以，如果你爱一个人，一定要告诉他：不是为了要他报答，而是让他在以后黑暗的日子里否定自己的时候，想起世界上还有人这么爱他，他并非一无是处。

二

寒冬的深夜，一个和家人走丢的两岁孩子，在马路上无助地边跑边哭。一个送餐的外卖小哥看见后赶紧停下了车，耐心地问孩子家住哪里，爸爸妈妈呢，但是孩子一直在哭，一句话也说不出。外卖小哥赶紧报了警，看见孩子冻得发抖，他又赶紧脱下衣服裹在孩子身上，一直等到孩子父母赶来，他才放心地离开。

孩子是有多幸运，在如此寒冷的冬夜，遇见了一个如此心地善良和温暖的人。那个寒夜，有个超级英雄，救了一个孩子，也拯救了一个家庭。

三

2017年11月，伊拉克发生7.8级地震，至少530人死亡，超过7200人受伤。地震后，在重灾区，一个小男孩护送着一个小女孩，向救援人员领取食物，路上他不断轻拍小女孩的背部安抚。"你还没给她食物喔！"小男孩轻声向救援人员解释。帮小女孩拿到食物后，小男孩这才放心地离开。

饥寒交迫和恐惧里，首先想到的却不是自己，小男孩的举动，让很多人感动。一名救援人员把自己的午餐和饮料送给他，他很意外地笑了，反复说着谢谢。

人为善，福虽不至，祸已远离。善良，是一个人一生最大的底气和福气。

四

在一档综艺节目中，董卿为了照顾轮椅上96岁高龄的嘉宾许渊冲老先生，很自然地选择了跪地采访。她会在提问时，靠近老先生的耳边缓慢地说，也会在和老先生对视时，跪得更低，保持和老先生平视或者仰视。她跪在台上，和老先生谈笑风生，却给观众一种恰到好处的舒服自然和如沐春风的感觉。她的一颦一笑，举手投足间散发出的教养，令人肃然起敬。

有人说，最贵不过教养，而教养最直接的体现，就是处处对他人的尊重、体谅和周到。

细节显教养，谦卑藏高贵。一个懂得尊重别人的人，才是真正高贵的人。

五

忙了一天的工人，带着一身的疲惫上了地铁，他们怕弄脏座位，给别人带来不便，就在地上坐在自己的帽子上。一对农民工夫妇，刚从工地回来，鞋上沾满泥土。他们怕鞋太脏弄脏地面，给便利店店员带来额外的麻烦，于是丈夫脱下鞋，光脚进去买东西，妻子则在门口等待。

为别人着想的善良，时刻考虑别人的周到，就是一个人最好的教养。他们谦卑、礼貌地尊重每一个人，也希望他们能得到应有的尊重。

六

来自中国福建的15岁男孩王孟杰，在美国佛罗里达一所高中读书。他阳光善良，有担当，他梦想高中毕业后进西点军校。一身军装挂满勋章，是他最向往的荣耀。

2018年2月，中国除夕夜，王孟杰所在的高中发生了震惊世界的枪击案。在歹徒的扫射中，所有人都惊慌逃命，正在教室门口的孟杰本可以第一个冲出去，但他没有，他安抚好惊恐的同学，拉开了教室后门，但门太紧了，一松手就会关上，再推必然浪费时间。于是他用背抵住大门，用尽所有力气，将门撑到最大，为数十人争取到了逃生时间，然而，他却没时间了……

警察发现孟杰的尸体时，他还在用他坚实的身体死死撑着门，身中3弹，全是正面中枪，却依然没有放手……

"妈妈对不起，没能来得及和你说一声再见。"

美国白宫为他以美国荣誉军礼的规格下葬，西点军校破格追授他为荣誉毕业生，世界各地的很多人都自发赶往他的葬礼为他送行。

我们为孟杰的逝去深感痛惜，他用生命刻就的大义，全世界都会永远铭记。不管是孟杰，还是歹徒来临时勇敢逆行的中国保安，都让我们看到了人性中最光辉的那一面。那就是在危险，乃至死亡面前，有人依旧恪守着善良和勇敢。生命不是孤岛，我们向每一个为他人撑起生命之门的英雄致敬。

七

一个5岁的小男孩，看见有阿姨带着孩子要进门，于是赶紧跑过去用小小的身体撑着重重的玻璃门，让大家方便进入。

一个背着沉甸甸书包的小男孩，把路边倒地的共享单车一辆辆扶起来，有一辆自行车的脚撑坏了，他便把车子拖靠在了树上。

一个小学生夜间骑自行车回家，身后的司机为他一路照明，快到路尽头时，孩子突然停下车，很认真地给司机鞠了一躬，以表达谢意。

穷养、富养，都不如让孩子有教养。教养深植于一个人的骨子里，付诸行动中，流露在言语间。有教养的人，更懂得换位思考和感同身受。

八

有人雨天开车，在小路上行驶，远远看见一个大叔在雨中奔跑，他正要赶上，想载大叔一程，没想到前边的车子抢了先。

寒冷的冬夜，一个姑娘在回家的路上，看见一个刚忙完的环卫工爷爷，冷得发抖地蜷缩在路边，她赶紧买了杯热牛奶给他送过去。爷爷看见后，一个劲儿地说，天这么冷，还是你喝吧。看到姑娘执意要送给自己，爷爷满是感激地反复表达着谢意。

卖椰子的老爷爷，怕第一次吃椰子的小伙子不会吃，于是执意亲手喂给他吃。他眼神里的简单和淳朴，让人鼻子一酸，这样的眼神，我们已经好久不见。

这个世界从来不完美，到处都有冷漠的钩心斗角，步步为营，但总有一些人，始终恪守着最本真的善良和简单。这些善良的人，仿佛是锚，牢牢定住我们的价值观，给我们一种悲悯、同情的能力，来应对世间所有的苦难。

九

地铁上，一位妈妈一直提醒孩子保持安静，并紧紧地捧着孩子的鞋，怕孩子踢到别人，弄脏别人的衣服，给别人造成不必要的麻烦。

高铁上，一位买了一等座车票的父亲，陪着两个孩子坐在车厢连接处玩耍。列车员问他为什么不去座位上，这位父亲笑着说："孩子顽皮，怕影响别人。"

所谓有教养，就是不给别人添堵、添麻烦。对孩子来说，最好的教育就是父母的言传身教。父母的修养，就是孩子的教养。

十

一只小猫不慎掉入湖中，冷得直发抖，众人看见后，合力把小猫救起。

有人收养了一只未成年的流浪猫，精心为它准备了一顿饱饭，小流浪猫吃到的那一刻，竟然哭了，眼泪吧嗒吧嗒往下落。本以为这一生都会是饥寒交迫，颠沛流离，却没想到善良的你给了我食物和爱，给了我一个温暖的小窝。谢谢你给了我一个家，也谢谢你给了我新的生命。

流浪汉拾荒一天赚20元，却花200元救下了满身伤痛的小狗。从此，一人一狗，相依为命。

忙了一天的流浪汉，正在认真地给小狗洗澡，小狗也极为乖巧地珍惜这个来之不易的家人。

善心无关财富，更与职业、地位、年龄、性别无关。我们恪守善良，不是为了做善良的事有回报，只是坚信这样做是对的。万物皆有灵性，可以不爱，但请别伤害。

十一

深夜突降大雨，送餐的外卖小哥看到路上有个坐轮椅的老人，他立即把车停到一边，把自己的雨伞和雨衣都拿给老人，然后自己全然不顾地回到雨里。

3月的泉州，突降暴雨，一位老人推着小车焦急地找地方躲雨。此时，一名高二学生急步走上前，静静地为老人撑起了雨伞，全然不顾自己被雨水打湿。

5月的宁波，大雨突至。住在楼上的老人，发现楼下衣服未收，赶紧从窗户里撑起了两把伞，尽力盖住楼下邻居的衣服不被淋湿。老人就这样一直坚持着，直到楼下邻居赶来收衣服。邻居收衣服时，老人也始终撑着伞。

来源：搜狐网

我们的失败与伟大

1989年春节后，我开始在《中国青年报》实习。大学三年级的实习，可以视作每一个新闻系学生职业生涯的开端。

当然，我并没有钱住旅馆和招待所，我住在北京大学我老乡的宿舍里，哪一张床空着我就睡哪张。那个冬天，我闻到过来自陕西、河北、广东、四川、云南的各种味道，偶尔我需要将两根醒宝香烟插在鼻孔里，用嘴呼吸才能入睡。

每一天，去单位上班的路程都是非常漫长的。一个多小时的路程中，我永远哼着同样的一首歌，那是台湾创作歌手马兆骏唱的《我要的不多》，与此同时，另一个孤单的身影每天也从北大出来坐332路公交车。

他叫老肖，和我一样21岁，但是长着一张41岁的脸，宜昌人。他学的是经济，在一家中央大报实习。我们每天早晨一起在校门口买酸奶，在白石桥车站分开。

他第一次和我讲话是在公交车上，这家伙像地下党一样凑过来说："海子死了，你知道吗？"我那时不知道海子是谁，没敢接话。

老肖说："得空我得去一趟山海关，我要搞清楚海子看到了些什么、想了些什么。素材我收集了不少，不出5年，中国第一思想记者就姓肖了。"

再大的牛皮也掩盖不了思想记者老肖比我更没钱的事实。我有时会买两个肉包子吃，但他从来不买，说早晨吃不下，但是有一天我请他吃了一个，我觉得他只花了一点五秒就吃完了。

3月底的时候，发生了一件事，这件事成为新闻人老肖的终结。

那个周末，老肖问我可不可以第二天陪他去一趟延庆县。

老肖的父亲患了重病，来北京求医，结果几家医院都不收，理由是治无可治。20多年后回想起来，大概是肠癌转移到了肝部。束手无策的老肖从他老乡那里拿到了一个神医的地址，说神医救过不少无药可救的人。地址就在延庆县。第二天天还未亮，我们俩架着行动困难的肖老伯上了开往延庆县的长途车。

神医在一个民宅里坐诊。我们刚刚坐定，一个助理模样的人朝我们伸出一只张开五指的手，老肖傻乎乎地也伸出一只手准备击掌。那人面无表情地说："50块。"

老肖有20多块，我有30多块。凑完钱，神医背对着我们在纸上写了什么，然后折好交给我们说："去吧。"

我们走到日光下打开那张纸，竟然只有两个字：地瓜。那天已经很晚了，我们在延庆县找了一处农民的房子住下来，一块钱一晚，有热炕。肖老伯睡下后，我们俩走到屋外说话。3月底的塞外还很冷，白杨树在黑暗中像巨人般俯视着我们。我说："要我说这神医就是个锤子。"

回到屋里时，肖老伯没有睡，他坐在炕上看着我们说："不要再吵了。我要走了。地瓜是你妈妈小时候的名字，她在喊我去陪她了。我没有什么要求，让我死在湖北老家的床上。"肖老伯父子回家的盘缠是我们几个哥们儿一起凑的。在火车站的时候，老头突然跪在地上说："下辈子我报答你们。"之后的日子，我又回到了原来的轨迹。中青报的食堂里，每天就两个菜，一荤一素，还有就是白馒头和大锅汤。我这个重庆崽儿经常会想起麻辣火锅和爆炒腰花。但是这里有很多我崇拜的新闻人，张建伟、麦天枢、卢跃刚……我每天坐在食堂的角落里，听他们咬着馒头说那些我似懂非懂的事，日复一日，痴迷其中。

偶尔忍不住感叹，记者是多么神奇的职业，那么远的热情，让我淡忘了那么近的忧伤。

一个多月以后，我收到一张50元的汇款单和一封从湖北寄来的信。

信中说："父亲是在床上过世的，很安详。我承包了长江边的鱼塘，能挣一点儿钱。我要挣钱照顾妹妹，不能再读书了。当然，也做不成新闻人了。羡慕你，可以面对那么大的世界。老邱，不管你拥有多大的世界，当个正派人。"26年后的3月底，出版社让我为阿兰·德波顿的新书《新闻的骚动》写序。诚惶诚恐中，读到书中的一段文字。他说："查阅新闻就像把一枚海贝贴在耳边，任由全人类的咆哮将自己淹没。借由那些更为沉重和骇人的事件，我们得以将自己从琐事中抽离，让更大的命题盖过我们方寸的忧虑和疑惑。"

26年里，很多次从长江尾的上海飞往长江中部的重庆，忍不住透过飞机舷窗寻找那片长江边的鱼塘，还有那个在延庆和我争吵的青年的身影，还有他的思想记者的梦。每一个清晨，那个人会不会把海贝贴在他的耳边，倾听这个星球和这个国家惊心动魄的声音，让他忘记延庆县绵延的山路，和我们曾经无望的忧伤。

但是极目之中，只有那条悠远的河流，仿佛是岁月的眼泪汇成的，清澈着、混沌着、奔腾着、遗忘着、燃烧着、毁灭着，川流不息。

摘自：《视野》2016年2期

第三章

要么出众　要么出局

善良那根弦

印度北部有个村庄，叫格依玛村。这里土地贫瘠，人们生活穷困，连填饱肚子都成了问题。村民们也想改变现状，却苦于找不到生财之道。

离格依玛村不远有一条公路，属于那种简易公路，路况不算好，经过那里的车辆经常发生事故。有一次，一辆装载着食用罐头的货车在那里翻进了沟里，一车罐头滚落一地。司机受了伤，拦了一辆顺道车去了医院，那些货物无人看管。格依玛村的村民见了，就将那些罐头偷偷地运回家，一连好几天，家家户户都有罐头吃。

这件事给了格依玛村村民以启发，俗话说，靠山吃山，靠水吃水，他们完全可以靠路吃路了。所以，他们经常到那条公路上转悠，希望再有运载食物的车辆在那里出事故，他们好乘机有所收获。

　　但车祸毕竟不会经常发生，眼看着一些运载食物的车辆来了又去，村民们却一无所获，这让他们很不甘心。所以，他们想出一个主意，晚上，趁公路上没人的时候，他们就拿上工具，将公路的路面挖得坑坑洼洼。这样一来，车子在那里出事故的机会就多起来了。即使车子在那里不出事故，但因为路况太差，所以所有经过那里的车子行进速度都非常缓慢，这给了格依玛村村民可乘之机，他们会跟在车后，趁司机不注意，偷偷地从车斗里拿走一些他们需要的东西。

　　这件事在渐渐演变。起初，他们只是偷拿一些食物，后来，其他货物他们也拿，好送到市场上去卖一些钱，发展到最后，他们就不是偷偷地拿，而是明目张胆地抢了。一时间，格依玛村旁边的那条简易公路成了最不安全的路段，警察局每个月都会接到好几起关于车上货物被抢的案件。

　　警察出动警力破案，他们在现场抓住了两个正在抢货的格依玛村村民，给这两个村民判了刑。但这样做并没有威慑住其他村民，反而让村民们学会了作案时更加隐蔽更加机警。他们的作案开始有组织并有序起来，有专门的人负责望风预警，抢到货物后就拿回家藏起来，或者更换货物的包装，让前来搜查的警察找不到物证。一时间，警察束手无策。

　　当地政府也想了很多办法，想让格依玛村村民放弃哄抢货物的不道德和非法行为，引导他们走上正途。无奈，格依玛村村民已经从哄抢货物中尝到了甜头，他们习惯了这种不劳而获的生活方式。

哄抢货物的事在格依玛村附近屡屡发生。那年冬天，因为从格依玛村经过经常丢失货物，所以许多司机选择绕道行驶的方式避开了格依玛路段，这样一来，格依玛村村民好几天没有收获。这一天，终于有一辆货车从那里经过。车上装的是一袋袋磷酸脂淀粉，这是一种工业用淀粉。格依玛村的村民都没有什么文化，在他们看来，淀粉就是粮食，可以制作成各种各样好吃的食物。当下，大家就一拥而上，抢走了二十多袋磷酸酯淀粉。

司机是个小伙子，见有人抢了他的货就停下车，跟在抢货人的身后往格依玛村追。这样一来，反而给了其他格依玛村村民机会。他们不慌不忙地将车上无人看管的淀粉搬了个空。

小伙子追进村子，请求村民将他的货还给他，格依玛村村民哪会将到手的粮食轻易地交出来，他们都不承认拿了他的东西，并采取了应对措施。

小伙子百般恳求都没有用，他只得告诉村民们，那些磷酸酯淀粉不是普通的食用淀粉，而是工业淀粉，有毒，吃了会死人，拿去了也没有用。

小伙子说的是实话。

但格依玛村村民都不相信，因为这种磷酸酯淀粉无论从色泽还是手感上看，都与他们平时吃的食用淀粉毫无区别，更何况，在他们看来，淀粉就是用来做食物的，怎么会有毒？

　　小伙子见村民们不相信，吓得不知所措，他本来想去警局报案，让警察来追回那些淀粉。但是他又担心，万一他离开后，真有人将那些淀粉做成食品吃了，那就会闹出人命的。虽说闹出人命他也没有责任，但他不能眼睁睁地看着这些人去送死呀！他只得一家家地登门去说明情况，甚至向村民们下跪，请求他们："那些淀粉你们不交给我都无所谓，大不了我受一点损失，但我求求你们，千万别吃那些淀粉，那样是会死人的。"

　　小伙子的执着让村民们对他的话由不相信转为将信将疑，有人就将那种淀粉拿来喂鸡，以检验小伙子所说的话是真是假，结果，吃了这种淀粉的鸡不一会儿就死掉了。

　　这一下村民们惊骇了，继而是深深的感动。他们抢了小伙子的货，小伙子理应怨恨他们，即使他们吃了那种淀粉被毒死，也是罪有应得。可小伙子却不惜以下跪的方式来请求他们别吃那些工业淀粉，拯救他们的生命。这样的爱心，这样的善良，这样的胸襟，让他们羞愧难当，感动不已。

　　村民们自发地将那些工业淀粉都交了出来，重新送到了小伙子的车上。自此之后，格依玛村村民再没有哄抢过货物，即使有人想打过往车辆的主意，也会有人站出来说话："想想那个好心人吧，我们伤害了他，他却救了我们全村人的命。想想他，我们还有脸继续干这种伤害别人的勾当吗？难道我们真的是魔鬼？"

格依玛村附近的公路太平了，在警察的治理、政府的引导都未曾产生效果的情况下，一个年轻司机的善良之跪、爱心之举，却改变了一切。

人的习惯是可以改变的，就看你怎么去改变；人的善念是可以唤醒的，就看你怎么去唤醒。任何人心里，其实都有一根善良的弦，这根弦，只有爱心才能拨得动。想要别人善良，首先要付出你的爱。再恶的人，你用你的爱都能唤醒他的善良，让他摒除恶念。

摘自：《八年级小说赏析》格依玛村人

人类，多么了不起的杰作

　　莎士比亚说："人类是一件多么了不起的杰作！多么高贵的理性！多么伟大的力量！……宇宙的精华，万物的灵长！"在认识和改造世界的过程中，人类经历对外部世界认知的一次次重大变革的同时，也一次次重新审视自己。我们曾以为自己被造物主眷顾，置身宇宙的中心，哥白尼让我们重新思考自己在宇宙中的位置。我们曾以为人类自诞生之日起，就长成今天这副模样，达尔文却说，人类和任何生物，都是经历了进化的过程。好吧，至少我们还是自己精神世界的主人，弗洛伊德（Freud）却又宣称，"意识"只不过是冰山一角，巨大的"潜意识"尚在我们的掌控之外。

　　我们开始打造智能的机器。1950年，天才数学家阿兰·图灵（Alan Turing）启发我们向世界发问："机器会思考吗？"他为人类打开了一扇人工智能的大门。1956年，美国汉诺威小镇的达特茅斯学院迎来一群思维活跃的科学家，他们踌躇满志地认为，人类学习的每一个方面和智能的任何特征，原则上都能被精确地描述，并可以被机器模仿。他们要尝试让机器能够使用语言，形成抽象概念，还能解决人类现存的各种问题——从此人工智能（Artificial Intelligence）这个概念进入人们的视线。

如同任何宝贵的成就必须要经历"梅花香自苦寒来"的磨砺一样，从二十世纪五六十年代至今，人工智能发展并非直线上升，而是经历了起起落落的三次浪潮。符号主义、专家系统、反向传播、人工神经网络、深度学习、图像识别、语音识别、自动驾驶汽车、机械手、无人机、扫地机器人、战地机器人、情感机器人、仿生机器人、生化电子人，甚至超级智能……应运而生的这些名词不胜枚举，见证了人工智能60年的探索和发展。直到2016年，我们迎来人工智能爆发的元年，我们也看到了，人工智能似乎正以一种迅雷不及掩耳之势的发展方式卷土重来，深入到这个世界的每一个角落。

即便如此，我们却发现，我们很难给人工智能下一个普适的定义，"人工"很好理解，"智能"涉及意识、认知、判断、记忆、预测、直觉、幻想、想象等方面，很多人因此认为这是社会科学家的事情，所以人工智能从诞生之日起，就交错于自然科学和社会科学之间，"智能"的定义直到现在还争论不休。我们越是希望将"智能"赋予机器，就越发现其实我们依然对自己的大脑所知甚少。大脑是最出色的计算设备，然而，至今人类大脑是如何工作的，这个问题与宇宙的诞生、生命的起源一起被称为世界上的三大难题，仍是未解之谜。

纽约大学心理学和神经科学教授加里·马库斯（Gary Marcus）认为："我们对大脑的了解不多于普通人对计算机的了解。他们拿着平板电脑，在上面做各种点击，但并不知道电脑里面究竟是什么。"微软研究院院长埃里克·霍维茨博士（Eric Horvitz）说："神经元如何相互交流，细胞如何产生思想，对我而言是一个巨大的秘密。"

著名的深度学习和人工神经网络虽是源自对神经生物学的理解，用机器来模仿大脑的工作机制，通过神经元的联结来传递和处理信息。但"卷积神经网络之父"、深度学习的领袖人物、现任脸书人工智能研究室主任扬·乐昆（Yann LeCun）却这样形容他们的研究："飞机从飞鸟中获得灵感，但飞机没有羽毛，虽然有翅膀，但不会扇动翅膀。"人工智能研究如果试图完全复制我们并不真正理解的大脑，很难取得重大成果，所以科学家们终究绕开了这个神秘的黑盒子。

日本国立情报学研究所从2012年起，开发人工智能系统"东大机器人君"，简称"东机君"。几年来，"东机君"以考上日本第一名校东京大学为目标而奋力学习。研究人员却发现，"东机君"一遇到需要常识来解答的问题，立马就被难住了。"东机君"项目负责人，该研究所社会共知研究中心主任新井纪子教授告诉我们："'东机君'最擅长的科目是世界史，其次是数学，对它而言非常难的一个科目是物理。一般大家会认为既然数学成绩很好，那么物理应该也不错，但其实物理非常难，因为没有常识就无法解答很多问题。从'东机君'2015年的模拟考试成绩来看，达到了人类靠前的名次，虽然如此，要问'东机君'是不是达到了高中三年级学生的智力水平，答案是完全没有达到，它甚至都不如人类一两岁孩子的智力水平。"在2016年的模拟考试中，"东机君"依然改不掉偏科的毛病，第四次落榜东京大学。研究人员宣布"东机君"放弃考东京大学的目标，转为致力于中学生水平的阅读理解能力研究。

对于如何将常识教给"东机君"，这个挑战实在太难了。人工智能可以举一反三，从很少的经验或从看到的或听到的信息中获取更多的知识，但目前再聪明的科学家赋予机器再高明的算法，也没有人类自己那么擅长从数据中学习。因而我们给算法的数据量总是大于任何人能消化的，但再大的数据量也无法将所有与常识、直觉有关的问题全部囊括其中。有些数据不可能大量提取，成本太高，就好像学开车不可能要出过很多次车祸才能学会不撞车。

马库斯说："语言中有无数的句子，但孩子却能从有限的数据中习得语言。怎样从相对少量的数据中，来理解无限的可能性呢？孩子们总是这样做：他们想知道'世界上有什么''我如何探索世上万物'，并从中找到乐趣。孩子看到一个例子，会想'我还能用它来做什么'，而目前的机器看过许多样本之后，却希望下一个和之前的很相似。"

纽曼达（Numenta）人工智能公司联合创始人杰夫·霍金斯（Jeff Hawkins）曾是英特尔的计算机工程师，熟知计算机的工作原理。他曾无数次向客户和员工讲解微处理器，他形容自己"就像曾经立志当演员的人，却数年在餐厅端盘子"，直到得到机会，才认识到对大脑的研究是自己的"另有所爱"。

霍金斯说："我们只有一样东西，公认为具有'智能'，那就是——大脑。"输入大脑的数据瞬息万变，并且是基于时间的数据，但几乎所有传统的人工智能对"时间"是没有概念的。人工智能的"脑袋"里只有快照，只有图片，比如它们的脑袋里装着几百万张猫的图片。此外，人类是通过自己的行为来感知世界的。当我们与猫互动时，我们动，猫也在动，我们触摸猫，我们听见猫的声音，产生听觉与视觉的信息流进入大脑，大脑学习的是世界的模型。世界上没有一只猫长成人类儿童画的小猫，孩子们不需要通过看几百万张猫的图片来认识猫这种动物。我们还有很强的创造力，我们有了世界的模型后，可用来解决新的问题，我们还可以在新情况中运用过去的经验。霍金斯认为，当前的人工神经网络和深度学习需要加入时间和行为。当然，科学家们已经开始尝试这么做了。

哥伦比亚大学神经科学副教授斯蒂法诺·富西（Stefano Fusi）说："如果你将一台电脑打开，你能看到里面井井有条，各种不同类型的芯片代表这台机器的不同组成部件，你可以为每个部件贴上标签，注明其执行什么功能。但如果你'打开'头颅观察大脑，然后想象火车站离别的场景，我们不会找到专门为火车而存在的神经元，你不会看到专门识别男人或女人的神经元。你看到的大脑内的景象，大概就像一堆杂乱的信号。"

人脑拥有近千亿个神经元，每个神经元又通过成千上万的突触彼此交流。但富西告诉我们："大脑并非像一个开关，当你得到一些信息，就从一种状态切换到另一种状态，而是复杂多样的生物化学反应同时发生。"

虽然大约15万年前现代人首先在东非出现后，人脑的大小和结构并没有发生什么变化，但是多少年来，人们的学习能力和对历史的记忆已经通过文化的传承发生了巨大的变化。人类是大自然的杰作，漫长的进化已经为我们的智能打下"草稿"。麻省理工学院大脑与认知科学系托马索·波焦教授（Tomaso Poggio）说："婴儿不可能从零学会他最初几年获得的所有能力，其实他脑中已有了基础。"

年过八旬的埃里克·坎德尔教授（Eric Kandel）是哥伦比亚大学医学院生物化学与分子生物物理学系的教授。2000年，坎德尔因在神经系统学领域的贡献获得了诺贝尔生理学或医学奖。他的研究成果部分归功于海兔，这种软体动物的神经系统仅仅由两万个神经细胞组成，但是它有动物界最大的神经细胞，可以延展插入电极。

"我们与无脊椎动物应该是有天壤之别吧？"我好奇地问坎德尔。他告诉我："人类在每个层面都更丰富，但一些与生存密切相关的要素，人类与无脊椎动物比如说海兔是相通的。"

人类也拥有过这样卑微的起点，在进化的过程中，大脑无数次奇妙地改变，终于让人类脱颖而出。让我分享一个有趣的现象：人类的大脑颞叶中有六块区域，会对人脸做出反应，大脑对人脸有如此广泛的表征，原因之一就是，对我们而言，人脸是宇宙中最重要的实体。我们从镜子中认出自己，我们通过脸来辨认彼此，所以人脸非常重要。坎德尔举了几个例子："如果我将这杯水倒过来，水会倒出来，但你还是会认出水杯；如果我将一张人脸上下颠倒，你就很难认出这张人脸。但如果你将一个人的面部特点，例如尼克松，将其面部特征进行夸张，人们却更容易能认出来。"

我联想到新生的婴儿，虽然他们的视力是模糊的，但是他对人脸格外关注，并能很快认出妈妈。而在声音的世界里，婴儿偏爱说话声，看来人类天生爱社交。除此之外，我们还能学习抽象概念，理解因果关系，我们拥有强大的学习能力，以自己独有的方式探索世界，即使这个世界同我们祖先面对的已有天壤之别。人类一直都在突破自己的局限，创造性地传承知识的同时，也将对这个世界的好奇心和探索的精神代代相传。

　　科学家们探索和创造着人工智能，也在这个过程中重新认识和理解我们自己的智能。马库斯半开玩笑地说："很多人说我们需要用神经科学来造人工智能，我认为要做好神经科学，我们需要更好的人工智能。大脑是宇宙中最复杂的造物，我们需要得到帮助才能理解它。"我与坎德尔谈及目前神经科学研究最大的挑战，他的回答是："最大的挑战是我们意识的本质！"

　　原雷丁大学控制学教授，现考文垂大学常务副校长凯文·沃里克（Kevin Warwick），曾将芯片植入到自己的手臂内，从而成为世界上第一个"带着芯片行走的人"。沃里克也为妻子植入了芯片电极，夫妻俩大脑连接。当我问这位疯狂的冒险家，你的下一步计划是什么。他的回答是：要在大脑中植入芯片，实现大脑间通信。虽然伴随着风险，但这就是他的下一步计划。

　　一些未来学家认为，如果我们实现脑机相连，人类就会变得强大，智能超群，并能获得某种形式的永生，既可以看到超级智能出现的那一天，也可以与超级智能抗衡。电影《超验骇客》中，约翰尼·德普（Johnny Depp）饰演的威尔卡斯特博士在临终前，思想被上传到电脑上。"如果技术上允许，你会把你的思想上传到电脑上吗？"我把这个问题抛给了

《超验骇客》的主演之一，美国著名演员摩根·弗里曼先生（Morgan Freeman）。弗里曼先生斩钉截铁地回答："不。"他宁可让人写一部回忆录，也不会把自己的记忆和思想交给电脑。我请按照自己的模样造出一个机器人，对仿人形机器人颇有执念的石黑浩教授用三个词定义人工智能未来十年的发展，他说的第一个词便是"意识"："我们拥有意识，但是没人知道我们怎样把这个意识植入到机器人当中，如果我们能够对意识有更好的理解，机器人绝对会更像人类。"

无论我们称之为意识，或是思想，或是灵魂，都是人类自己珍贵的宝藏，并且形成了每个人的独一无二性。坎德尔说："我们越了解神经科学的细节，就越能理解人类为什么会存在，解密的过程足够令人满足。"硅谷有一句流行语：理解事物的最好方式就是创造它。我很喜欢罗曼·罗兰的一句名言："人生所有的欢乐是创造的欢乐：爱情、天才、行动，全靠创造这一团烈火迸射出来的。"如果没有创造的话，人们恐怕只是无关紧要地飘浮在地上的影子。我们创造了人工智能，在它们的身上看到了我们自己的希望、想象和恐惧，也深刻感悟到创造之美，以及我们与这个世界相处的另一种可能性，但更让我们发现了人类智能的种种奇妙之处。

我们似乎找到了一些答案，也打开了更多的问题。机器可以被复制，但每个人却是唯一的生命体。我热爱生活，有自己的喜怒哀乐；我喜欢旅行，喜欢欣赏沿途的风景；我热衷提问，对未知充满好奇。每一处风景，每一份经历，都让我有所改变，成为独一无二的自己。弗里曼先生在接受我采访中的一句话让我记忆犹新："人类只要能想得到，就能做得到。"

我在想，假如人工智能有一天足够聪明的话，它会羡慕人类什么呢？我们乱中求治的能力？我们适应不确定性的能力？我们的好奇心，想象力，创造力，爱？

来源：互联网

来自太阳的勇者

我小时候是一个特别爱幻想的小孩，我总希望自己可以跑得很快、跳得很高，最好可以飞，就像那些有特异功能的超级英雄一样，可以用他们自己的能力来拯救全宇宙。可是不知道怎么搞的，年纪越来越大，做梦的勇气却越来越小，我不知道那个很有热情的自己跑到哪里去了。可是有一次我看见了一个马戏团，因为他们的表演挑起了我的热情，后来我才知道这是世界顶尖有名的马戏团——太阳马戏团，他们的表演被誉为一生一定要看过一次的表演。我开始幻想自己能够踏上那样子的舞台，我觉得我的人生有了目标了，可是这目标在别人的眼中看起来是痴人说梦。我跟大家说我好想加入太阳马戏团，我的老师听到了我的目标，他说你想改行啊，来不及了，没机会了；我爸爸跟我说一个正常的人应该要有一份正常的工作。我觉得大家都不相信我，虽然我不知道在未来到底有没有办法踏上那个舞台，可是至少我选择了踏出第一步。

2006年的时候，太阳马戏团真的来台湾举办甄选了，我当然去参加报名。把我的资料送出去，然后两个礼拜之后我收到回复，说我通过初选进入复选名单了，我又离变成超级英雄的目标更近了一点点，可是事情不是我想象中的这么顺利，因为我根本没有拿到太阳马戏团的工作合约。到了第二年，我主动把我练习的记录寄到太阳马戏团在加拿大的总部，希望他们能看见我的进步，然后我收到回复了，说很开心看见你的进步，而且我也相信你绝对能够在太阳马戏团的舞台上找到属于你自己的位子，只是我不知道机会什么时候出现，所以你要有耐心。到了第三年呢，我有机会上电视台展示我最喜欢的表演——水晶球，然后我把这个演出的记录寄到加拿大去，又收到回复了，说很开心看见你的成就，我们也相信你绝对能够在太阳马戏团的舞台上找到属于你自己的位子，只是我不知道这个机会什么时候出现，所以你要有耐心。就这样，三年过去了，到了第四年了，我甚至写信告诉总部，即便不支薪我都愿意跟你们一起工作，因为对那个时候的我来说，这辈子最想做的事情应该就是踏上太阳马戏团的舞台了。我马上收到回复，说我们终于看见你的决心了，不过后面还有一小段话，我相信你绝对能够在太阳马戏团的舞台上找到属于你自己的位子，只是我不知道这个机会什么时候出现，所以你要有耐心。

就这样一直等、一直等、一直等、一直等，又因为长期训练的关系，我的下身有腰椎间盘突出的问题，身体状况最差的时候呢，我的左脚是麻的，所以我觉得太阳马戏团离我越来越远了，就这样等啊，等啊，等啊。在2010年的8月25号，我接到一通电话，正式邀请我加入太阳马戏团，成为他们的一分子，所以我十七岁做的白日梦经过十年的累积，终于成真了，我终于成为超级英雄的一分子。

你知道吗，到了太阳马戏团呢，我们每天晚上要做两场表演，每个礼拜十场，一年最起码超过四百场演出，而且我们的观众席一次可以坐下两千个观众。我又开始在怀疑我自己到底有没有办法接下这样的挑战呢？可是有一次演出结束，我走到台口鞠躬、跟观众敬礼，两千个观众一起起立鼓掌，我觉得他们的掌声变成一阵风吹上舞台，吹向我，那时候我觉得虽然我现在还是不会飞，可是因为我的等待，让我有机会体验到变成超级英雄的感觉了。所以在接下来呢，每当我面对挑战的时候，我就会告诉我自己再多坚持忍耐一下下吧，或许你想要的时间都会给你。

来源：《超级演说家》陈星合演讲稿

白天鹅炼成记

她年少的时光现在想起来仍旧是灰扑扑一片。

那时，她在县城中学读书。乡下女子，相貌丑，家境贫寒，在那个美女众多的班级里，她显得是那样与众不同，分明就是白天鹅中的丑小鸭。女生们便有些冷落、轻视她，好在她把心思全用在学习上，除了偶尔感到他人的淡漠，大多数时候她浑然不觉。

但她实在是有些愚钝，老师讲课，她努力听，却还是常常不懂。

她如此笨拙，又这样用功，少不了受同学的揶揄，在嘲笑声里，她更觉自己笨，她悲哀地想，自己真是一只又丑又笨的丑小鸭。

高中三年，她的成绩始终在中下等徘徊，最后复读了一年，她才考上一所外省的农业院校。大学里，校园的舞台是那么大，尤其是她的农学专业，简直是一片知识的海洋。她是乡村的女儿，对土地满含热忱，她梦想着有一天，能以己所学，造福那些在乡间劳作的人们。因为这美好的梦，她把课余时间都交给了图书馆，时间长了，同学都认为她是一个性格孤僻不好接近的女孩。她学习勤奋，成绩却往往不如考前突击的同学，为此，她又成了大家私底下的笑话。

因为容貌丑，班上搞活动，无论怎样挑人，最后剩下的一定是她。仅有的一次，是大四的时候全班参加学校的合唱比赛。她兴奋得晚上睡不着，长这么大，第一次登台，她又高兴又紧张，和同学一起练过歌后，她还悄悄到学校小树林里苦练。

但临赛前一天，她却被刷下来，理由是这样队形会更好看。

比赛那天，听着同学们在广场的大树下大声唱着青春洋溢的歌，她难过地流泪，童话里的丑小鸭在春天变成了白天鹅，可那毕竟是童话吧，她这样的丑小鸭又哪会有春天呢？

毕业后，好多同学放弃了专业，宁可留在大城市当个小白领也不愿和泥土打交道。而她，则是欢欢喜喜地去家乡的农科所报到，成了一名技术员。

工作后的她，跟着师父一起，负责所里的玉米种子实验。她很少待在办公室，从玉米播种、苗期观察、抽穗、授粉、选种收获，每个环节，她都要在试验田里忙碌。几年过去了，她却始终没有让人满意的成绩，倒是和她一起来的那几个大学生，有的提拔成了她的直接领导，有的调到了上级单位，唯独她，像棵大树，扎根在这儿，风雨吹不动。

她的丈夫和她在同一单位，那年，农科所在海南设立了冬季玉米育种基地，夫妻俩报名接下了这件苦差事。从那以后，两个人就如候鸟，每年秋后去南方，暮春时节再返回。在海南，两个人在村边租了一间小屋，偏野乡村，粗茶淡饭，她也不觉得苦，心里装得满满的全是玉米。第三年的春天，她带来了新品种，经试种，这个品种的玉米在产量上有了大幅度提高，一时间，默默无闻的她成为农人眼中的大能人。

她每年都要去海南育种，十年的岁月更迭，她终于迎来生命的果实。这些年，她选育的玉米品种，经省级部门审定，产量高、耐盐碱、抗倒伏，推广种植数百万亩，成为周边百姓玉米种植首选良种，她也一次次荣获科技进步奖。

一个从来没有上过台的人，如今，终于体会到站在舞台上的滋味。她悄悄擦去喜悦的泪水，在经历过那么多的讥讽、嘲笑、落寞和自卑后，她终于知道，在人生的路上，怀揣梦想，不抛弃，不放弃，生命终会收获丰盈的花朵，丑小鸭终会有属于自己的春天。

摘自：《意林（原创版）》2012年11期

牛津大学里的速度与激情

采访前两天，导演告诉我，菲利普有个小要求，他要骑着他的哈雷机车带我在牛津大学遛一圈。这真是一个有意思的要求，之前就听说这位曾经梦想成为一名摇滚歌手，却阴错阳差地成了计算机科学家的教授，平日里爱骑哈雷机车，爱穿黑色皮衣皮裤。但还真没想到他这么愿意与一个采访他的人分享自己的兴趣。我准备的所有装束都比较商务，要是坐在他的哈雷机车后面，会不会有违和感？于是，我趁着采访之余赶在商店没关门之前，买了一双浅筒宽跟的靴子。采访当天，为了配合菲利普，我身着一件黑色夹克式针织衫，加上一条紧身的黑色裤子，就这样一副"机车女"打扮，出现在了牛津大学。

"呜……"一阵发动机轰鸣声，未见其人，先闻其声。一身黑、背着一只大包、满头蓬松的卷发、骑着哈雷机车，菲利普一阵风似的出现在我们面前。他甩了甩头发，我才看清他的脸，跟迈克尔·杰克逊（Michael Jackson）有几分相像。他打开背包，里面有好几套西装，他说自己平时很少穿西装，这背包里的行头是为我们采访准备的，我们觉得哪套合适他就穿哪套。大家都被他逗乐了，却也被他如此重视我们的采访而感动。面对这样一个造型放荡不羁，说话直截了当、率真有趣的菲利普，我觉得这哪是一场初次见面的采访，倒像是熟识的朋友约着去兜风。

菲利普邀请我坐上他的哈雷机车，戴上头盔，带我穿梭于牛津那些古老、庄严的建筑之间。这真是一次好久未曾体验到的释放天性的感觉，哈雷机车的轰鸣声在安静的牛津校园里，似乎有些违和感。当天，恰逢牛津的考试日，这所大学有着古老的传统：参加考试的学生需要穿西装，打领结，身披黑色长袍，以表现出对于考试的郑重。我们就这样打破了当天严肃静谧的校园气氛，惹来一位老教授出来阻止我们："你们知道学生们正在考试吗？你们这样大声，我不得不把窗户都关上！"知道我们是来采访的，老人家只好请我们尽快结束。菲利普也没有跟人解释说"我就是这个学校里的教授"，倒像一个做错事的孩子，一个劲儿说"不好意思，不好意思"，我站在一旁都能感受到他有很大的心理压力，对于不能跟着菲利普多遛几圈，也有些许遗憾。

哈雷机车和摇滚不是菲利普唯一的兴趣，与很多科学家一样，他对科幻小说也情有独钟，他几乎看了所有与科技有关的作品。他尤其对乌托邦式的未来充满憧憬，在那里，机器变得超级聪明，更关键的是，聪明的机器能帮助很多人，这也是他锲而不舍地不断要求自己提高科研水平的原因之一。即使遇到所谓的死胡同，他觉得要相信被认为死胡同的事情，很可能会在一个新的应用程序的光照下复活。他从不觉得工作枯燥，反而觉得工作非常有趣，阅读新的科学论文很有趣，思考新的想法很有趣。"我非常喜欢我的工作，它让我早上起床时很快乐。我难以置信，在这个年龄，我可以做这样一份工作。有时候会有挫折，有时会很伤心，比如当其他科学家在我之前得出一个结论或结果的时候。科学就是一场比赛，有很多人在这个领域工作，它总是存在竞争，激励你要成为第一。这是一个非常令人兴奋的时刻，在人工智能领域工作，我非常兴奋。"

有着对未来满满的期望，始终保持着"成为第一"的心态，这或许与菲利普热爱摇滚、哈雷机车也有几分关系，如果说摇滚的精神，是一种改变世界和不断突破的勇气的话，菲利普将这种勇气诠释得淋漓尽致。

古老的牛津学府、放荡不羁的机车教授、神奇的高科技，这些同时出现在我面前，形成一幅有巨大反差又很有趣的画面，这或许也是我们身处的这个时代的缩影吧。

来源：喜马拉雅FM

时间是最好的证明

我想在这个世界上，没有一个人能够赢得了时间。在这个世界上，时间对每个人都是最公平的，从我们出生的那一刻起，我们身上所流淌的时间便是一样的速度，不急不缓。但时间也是最不公平的，在我们还没有意识到发生了什么时，满头的白发和眼角的皱纹，就已经冷酷地提醒了我们，时间是从来也留不住的。

我的这一生，做了许多的事情，在许多人看来，这些事情琐碎而细微。在我的画开始被别人知道时，他们有人会问我，为什么不早些作画，为什么任凭时间流逝。

我回答他们，在我生命中的每一段岁月里，我都做了我自己认为应该做的事情，我做的所有事情都让我快乐。这些年下来，我发现快乐的生命，大概也就是天堂的模样吧。我从未见过天堂，但我想，拥有美好的心情和快乐的生活，进入天堂也不外乎就是如此吧。

在画画的时候，我会想起我所走过的大半生，我的一生几乎从未走出过农场，我对于外面的世界知之甚少，那些光怪陆离的七彩人生，于我而言，是那么的遥远和陌生，我虽然也会对此感到好奇，但却从不会渴望得到。

生命是一条不可逆转、永不能折返的道路，每向前走一步，便离死亡更近一点。我不惧怕死亡，我只是有些担心，在我临近死亡的那一刻，对于自己的这一生有诸多的遗憾未能实现。

人这一生，实在是太过匆匆，在年轻的时候，还不觉得时间飞逝，岁月流淌得很快，但是，活到了我现在这个年纪，回头望去，自己的这一辈子，日子过得远比想象中的还要快，我都没想到自己已经活到了儿孙满堂、白发苍苍的年纪。

在我二十几岁的时候，我畅想未来，觉得未来还是一个太过遥远、触不可及的形容词，在那时的我看来，时间还只是树梢上那一抹绿芽，刚刚长出经络。但转眼之间，我就已经站在了人生的尾巴上，回望着过去的一生，满心都是感慨。

有一天，我在梳头的时候，我那可爱无邪的小曾孙女蹲在地上，捡起了我掉落的发丝，她好奇地问我，为什么我的头发全都是银白色的，而她的头发是金黄色的。

我看着自己面前这个小小的人儿，想着几十年前，自己也是这样，有着稚嫩的脸庞、幼稚的嗓音，以及对这个世界全然无解的懵懂。

时间渐渐染白了我的发丝，佝偻了我的脊背，带走了我清晰的视力，但留给我的却是更加丰富的内容，让我拥有了自己此生最爱的孩子们，给了我一份绘画的事业，让我可以在生命的最后时光中，描绘出我这一生简单却又不一样的风景。

时间是最好的证明，生命在时间的流淌中悠远、漫长，每个人的人生路都是独特不同的，在时间的刻度下，我们都收获了独独属于我们自己的生命体验。

摘自：摩西奶奶《人生只有一次，去做自己喜欢的事》

第四章

看到的是光鲜　看不到的是苟且

善斗也会输

第一次看斗鸡，被那种暴力血腥的场面所震撼，两只公鸡不仅用尖利的嘴猛啄对方，还会抬起脚掌，狠命地劈打对方的头和腹部，仿佛前世结怨，有解不开的深仇大恨。只见台上鸡毛横飞，鲜血四溅，最终，两只筋疲力尽的鸡毛发全脱，浑身是伤，躺在血泊里再也无力站起来。

早在春秋时，就有关于斗鸡的文字记载。最初，人们发现有一种公鸡特别容易发怒，为争一点粮食或者为争一个异性，马上怒发冲冠，不分时间地点，非要斗个你死我活方肯罢休。

它们斗得浑然忘我，身边早已围了一圈看客也毫无察觉，丝毫没有住手的意思。慢慢地，人们喜欢上了看两只鸡打架。有人喜欢就有市场，那些有商业头脑的人就把这种鸡捉起来，放在一个场子里，专门让它们打架，供人观赏。

斗鸡逐渐成为一种娱乐活动，人们不仅花钱观看，还会顺便加点赌注，赌赌哪只会赢。为了让鸡一直斗下去，人们想出了很多方法，如果两只鸡斗得筋疲力尽，动作不再那么麻利，人们会往它身上泼凉水，让它清醒清醒，然后重新精神抖擞投入战斗。

公元前5世纪，斗鸡传入欧洲，几乎成为全世界人们喜欢的活动，所有的斗鸡都失去了自由，成为人类娱乐和赚钱的工具。为了让节目更有观赏性，有人别出心裁地在鸡爪子上绑上锋利的刀片，这样，当鸡抬起脚掌劈打对方时，刀片就会深深地划破对方的头和腹部，让鲜血四处飞溅。当然，对方也会还以颜色，很快，两只鸡便浑身是伤，无力地倒在血泊中。

现在，斗鸡依然在很多国家流行，在鸡脚上绑刀片已经成为常态。也许还会有人想出更恶毒的方法，好让这些鸡打得更激烈，死得更凄惨。

大概，这些鸡自己也没有想到，善斗的它们，不但没斗赢对手，反而越斗越悲惨，越斗死得越痛苦，以至于给整个种族带来灭顶之灾。

人类又何尝不是这样？我们常常为一点芝麻绿豆大的小事和人斗个没完没了，结果弄得身心俱疲，影响了自己的生活，稍不留神，还会惹来更大的麻烦。人类还总是喜欢挑起一场又一场战争，残杀别人的同时，自己也血流成河，像斗鸡一样，给整个种族带来灾难。历史已经一次又一次地告诉我们，善斗不会赢，只会输。

摘自：《蓝盾》2013年第11期

责任大于喜欢

初入社会的我们面临一份高薪却不喜欢的工作和一份喜欢但薪水并不高的工作时，应该如何选择？

这个问题，是中国大学毕业生普遍存在的困惑。对我来说，这个问题并不难回答。

面对这种情况，我认为首先要看你的家庭背景。假如你的家庭条件不错，父母不需要你赚钱维持生计，也没有兄弟姐妹需要你扶持，有了这个前提，一份你喜欢但薪资不高的工作会是你最好的选择。

因为对每个人来说，生命是有限的，能做自己喜欢的事情的时间其实并不多，做自己喜欢的事情可以让我们全身心地投入其中。在做喜欢的事情时，你会有产出，而产出的过程中就会有创新。每个人的创造力是截然不同的，所以，在你没有太多负担的情况下，我认为你应该选一份工资不高却很合你心意的工作。

当然，每个人的生活是不一样的。据我所知，有不少大学生在毕业的时候，身上背负着很多事情，比如学校的贷款要还、年迈的父母要赡养、寒窗苦读的兄弟姐妹要扶持，这就意味着你有责任要去承担。

我认为一个人选择自己喜好的前提是必须承担起所负的责任，这样的人也是我比较佩服和欣赏的。如果你恰好是这样一种人，那么毫无疑问，你应该选择高薪却不那么喜欢的工作。原因也很简单，因为高薪对你来说有着现实的意义，它能够使你周围的人生活得更好。责任大于喜欢，这是一个有勇气、有担当的选择。

同时，我认为高薪却不喜欢这件事情，要看不喜欢的程度。丘吉尔说过一句话："It is no use doing what you like; you have got to like what you do."意思是你不能爱哪行才干哪行，应该干哪行爱哪行。根据心理学家的统计，世界上有60%～70%的人刚开始都是稀里糊涂地选择一份工作，而自己内心是不怎么喜欢这份工作的。

因为要承担责任，要养活自己，所以你不得不去做这份工作，怎么办？

很简单，首先你要做好手头上的工作，除非是枯燥透顶、机械重复的工作，否则你多半还是可以找到你对这份工作的喜爱之情，以及这份工作对你的意义。

希腊神话故事中，西西弗斯被宙斯惩罚，每天要把一块石头从山脚推到山顶，而推到山顶之后，石头又会滚到山下，于是西西弗斯必须每天周而复始地推石头。刚开始，他无比痛苦，但是后来在推石头的过程中，他找到了做这件事情的意义。他在把石头不断往上推的过程中提升了自己的视野高度，经历了四季的变化，看过了漫山遍野的山花烂漫、万木葱茏。在这个过程中，西西弗斯有收获、有提升，那么对他来说，推石头就是有意义的。

所以，我认为，一份工作在开始时你可能并不清楚自己是否真正喜欢，这时候你就需要深入下去，去探索发现你自己真正的想法。如果到最后你既得到了高薪，又能够喜欢上自己正在做的这份工作，这就是一件两全其美的事情。

当然，世界上这样两全其美的事情发生的概率很小，但是我们应该心存希望并不断去发现。就像我刚开始其实是不太喜欢做老师的，但是后来在这个过程中，我发现了做老师的乐趣和意义，所以到现在为止，我都认为自己一辈子不应该离开讲台。只要你勇敢地去坚持做自己当下应该做的事情，关于薪水和喜好的问题自然而然就会得到解决了。

摘自：俞敏洪《让成长带你穿透迷茫》

假如给我三天光明

第一天

　　第一天，我要看人，他们的善良、温厚与友谊使我的生活值得一过。首先，我希望长久地凝视我亲爱的老师、安妮·莎莉文·梅西太太的面庞，当我还是个孩子的时候，她就来到了我面前，为我打开了外面的世界。我将不仅要看到她面庞的轮廓，以便我能够将它珍藏在我的记忆中，而且还要研究她的容貌，发现她出自同情心的温柔和耐心的生动迹象，她正是以此来完成教育我的艰巨任务的。我希望从她的眼睛里看到能使她在困难面前站得稳的坚强性格，并且看到她那经常向我流露的、对于全人类的同情。

　　我不知道什么是透过"灵魂之窗"，即从眼睛看到朋友的内心。我只能用手指尖来"看"一个脸的轮廓。我能够发觉欢笑、悲哀和其他许多明显的情感。我是从感觉朋友的脸来认识他们的。但是，我不能靠触摸来真正描绘他们的个性。当然，通过其他方法，通过他们向我表达的思想，通过他们向我显示出的任何动作，我对他们的个性也有所了解。但是我却不能对他们有较深的理解，而那种理解，我相信，通过看见他们，通过观看他们对种种被表达的思想和境况的反应，通过注意他们的眼神和脸色的反应，是可以获得的。

我身旁的朋友，我了解得很清楚，因为经过长年累月，他们已经将自己的各个方面展示给了我；然而，对于偶然的朋友，我只有一个不完全的印象。这个印象还是从一次握手中，从我通过手指尖理解他们的嘴唇发出的字句中，或从他们在我手掌的轻轻画写中获得来的。

你们有视觉的人，可以通过观察对方微妙的面部表情、肌肉的颤动、手势的摇摆，迅速领悟对方所表达的意思的实质，这该是多么容易，多么令人心满意足啊！但是，你们可曾想到用你们的视觉，抓住一个人面部的外表特征，来透视一个朋友或者熟人的内心吗？

我还想问你们：能准确地描绘出五位好朋友的面容吗？你们有些人能够，但是很多人不能够。有过一次实验，我询问那些丈夫们，关于他们妻子眼睛的颜色，他们常常显得困窘，供认他们不知道。顺便说一下，妻子们还总是经常抱怨丈夫不注意自己的新服装、新帽子的颜色，以及家内摆设的变化。

有视觉的人，他们的眼睛不久便习惯了周围事物的常规，他们实际上仅仅注意令人惊奇的和壮观的事物。然而，即使他们观看最壮丽的奇观，眼睛都是懒洋洋的。法庭的记录每天都透露出"目击者"看得多么不准确。某一事件会被几个见证人以几种不同的方式"看见"。有的人比别人看得更多，但没有几个人看见他们视线以内的一切事物。

啊，如果给我三天光明，我会看见多少东西啊！

第一天，将会是忙碌的一天。我将把我所有亲爱的朋友都叫来，长久地望着他们的脸，把他们内在美的外部迹象铭刻在我的心中。我也将会把目光停留在一个婴儿的脸上，以便能够捕捉到在生活冲突所致的个人意识尚未建立之前的那种渴望的、天真无邪的美。我还将看看我的小狗们忠实信赖的眼睛——庄重、宁静的小司格梯、达吉，还有健壮而又懂事的大德恩，以及黑尔格，它们的热情、幼稚而顽皮的友谊，使我获得了很大的安慰。

在忙碌的第一天，我还将观察一下我的房间里简单的小东西，我要看看我脚下的小地毯的温暖颜色、墙壁上的画、将房子变成一个家的那些亲切的小玩意。我的目光将会崇敬地落在我读过的盲文书籍上，然而那些能看的人们所读的印刷字体的书籍，会使我更加感兴趣。在我一生漫长的黑夜里，我读过的和人们读给我听的那些书，已经成了一座辉煌的巨大灯塔，为我指示出了人生及心灵的最深的航道。

在能看见的第一天下午，我将到森林里进行一次远足，让我的眼睛陶醉在自然界的美丽之中，在几小时内，拼命吸取那经常展现在正常视力人面前的光辉灿烂的广阔奇观。自森林郊游返回的途中，我要走在农庄附近的小路上，以便看看在田野耕作的马（也许我只能看到一台拖拉机），看看仅靠着土地生活的悠然自得的人们，我将为光艳动人的落日奇景而祈祷。

当黄昏降临，我将由于凭借人为的光明看见外物而感到喜悦，当大自然宣告黑暗到来时，人类天才地创造了灯光，来延伸他的视力。在第一个有视觉的夜晚，我将睡不着，心中充满对于这一天的回忆。

第二天

有视觉的第二天，我要在黎明前起身，去看黑夜变为白昼的动人奇迹。我将怀着敬畏之心，仰望壮丽的曙光全景，与此同时，太阳唤醒了沉睡的大地。

这一天，我将向世界、向过去和现在的世界匆忙瞥一眼。我想看看人类进步的奇观，那变化无穷的万古千年。这么多的年代，怎么能被压缩成一天呢？当然是通过博物馆。我常常参观纽约自然史博物馆，用手摸一摸那里展出的许多展品，但我曾经渴望亲眼看看地球的简史和陈列在那里的地球上的居民——按照自然环境描画的动物和人类，巨大的恐龙和剑齿象的化石，早在人类出现并以他短小的身材和有力的头脑征服动物王国以前，它们就漫游在地球上了；博物馆还逼真地介绍了动物、人类，以及劳动工具的发展经过，人类使用这些工具，在这个行星上为自己创造了安全牢固的家；博物馆还介绍了自然史的其他无数方面。

我不知道，有多少本文的读者看到过那个吸引人的博物馆里所描绘的活着的动物的形形色色的样子。当然，许多人没有这个机会，但是，我相信许多有机会的人却没有利用它。在那里确实是使用你眼睛的好地方。有视觉的你可以在那里度过许多受益匪浅的日子，然而我，借助于想象中的能看见的三天，仅能匆匆一瞥而过。

我的下一站将是首都艺术博物馆，因为它正像自然史博物馆显示了世界的物质外观那样，首都艺术博物馆显示了人类精神的无数个小侧面。在整个人类历史阶段，人类对于艺术表现的强烈欲望几乎像对待食物、藏身处，以及生育繁殖一样迫切。在这里，在首都艺术博物馆巨大的展览厅里，埃及、希腊、罗马的精神在它们的艺术中表现出来，展现在我面前。

我通过手清楚地知道了古代尼罗河国度的诸神。我抚摸了巴台农神庙中的复制品，感到了雅典冲锋战士有韵律的美。阿波罗、维纳斯以及双翼胜利之神莎莫瑞丝都使我爱不释手。荷马的那副多瘤有须的面容对我来说是极其珍贵的，因为他也懂得什么叫失明。我的手依依不舍地留恋罗马及后期的逼真的大理石雕刻，我的手抚摸遍了米开朗琪罗的感人的英勇的摩西石雕像，我感知到罗丹的力量，我敬畏哥特人对于木刻的虔诚。这些能够触摸的艺术品对我来讲，是极有意义的，然而，与其说它们是供人触摸的，不如说它们是供人观赏的，而我只能猜测那种我看不见的美。我能欣赏希腊花瓶的简朴的线条，但它的那些图案装饰我却看不到。

因此，这一天，给我光明的第二天，我将通过艺术来搜寻人类的灵魂。我会看见那些我凭借触摸所知道的东西。更妙的是，整个壮丽的绘画世界将向我打开，从富有宁静的宗教色彩的意大利早期艺术及带有狂想风格的现代派艺术。我将细心地观察拉斐尔、达·芬奇、提香、伦勃朗的油画。我要饱览维洛内萨的温暖色彩，研究艾尔·格列科的奥秘，从科罗的绘画中重新观察大自然。啊，你们有眼睛的人们竟能欣赏到历代艺术中这么丰富的意味和美！在我对这个艺术神殿的短暂的游览中，我一点儿也不能评论展开在我面前的那个伟大的艺术世界，我将只能得到一个肤浅的印象。艺术家们告诉我，为了达到深刻而真正的艺术鉴赏，一个人必须训练眼睛。

一个人必须通过经验学习判断线条、构图、形式和颜色的品质优劣。假如我有视觉从事这么使人着迷的研究，该是多么幸福啊！但是，我听说，对于你们有眼睛的许多人，艺术世界仍是个有待进一步探索的世界。

我十分勉强地离开了首都艺术博物馆，它装纳着美的钥匙。但是，看得见的人们往往并不需要到首都艺术博物馆去寻找这把美的钥匙。同样的钥匙还在较小的博物馆中甚或在小图书馆书架上等待着。但是，在我假想的有视觉的有限时间里，我应当挑选一把钥匙，能在最短的时间内去开启藏有最大宝藏的地方。

我重见光明的第二晚，我要在剧院或电影院里度过。即使现在我也常常出席剧场的各种各样的演出，但是，剧情必须由一位同伴拼写在我手上。然而，我多么想亲眼看看哈姆雷特的迷人的风采，或者穿着伊丽莎白时代鲜艳服饰的生机勃勃的弗尔斯塔夫！我多么想注视哈姆雷特的每一个优雅的动作，注视精神饱满的弗尔斯塔夫的大摇大摆！因为我只能看一场戏，这就使我感到非常为难，因为还有数十幕我想要看的戏剧。你们有视觉，能看到你们喜爱的任何一幕戏。当你们观看一幕戏剧、一部电影或者任何一个场面时，我不知道，究竟有多少人对于使你们享受它的色彩、优美和动作的视觉的奇迹有所认识，并怀有感激之情呢？由于我生活在一个限于手触的范围里，我不能享受到有节奏的动作美。但我只能模糊地想象一下巴甫洛娃的优美，虽然我知道一点律动的快感，因为我常常能在音乐震动地板时感觉到它的节拍。我能充分想象那有韵律的动作，一定是世界上最令人悦目的一种景象。我用手指抚摸大理石雕像的线条，就能够推断出几分。如果这种静态美都能那么可爱，看到的动态美一定更加令人激动。我最珍贵的回忆之一，就是约瑟·杰弗逊让我在他又说又做地表演他所爱的里卜·万·温克时去摸他的脸庞和双手。

我多少能体会到一点戏剧世界，我永远不会忘记那一瞬间的快乐。但是，我多么渴望观看和倾听戏剧表演进行中对白和动作的相互作用啊！而你们看得见的人该能从中得到多少快乐啊！如果我能看到仅仅一场戏，我就会知道怎样在心中描绘出，我用盲文字母读到或了解到的近百部戏剧的情节。所以，在我虚构的重见光明的第二晚，我没有睡成，整晚都在欣赏戏剧文学。

第三天

下一天清晨，我将再一次迎接黎明，急于寻找新的喜悦，因为我相信，对于那些真正看得见的人，每天的黎明一定是一个永远重复的新的美景。依据我虚构的奇迹的期限，这将是我有视觉的第三天，也是最后一天。我将没有时间花费在遗憾和热望中，因为有太多的东西要去看。

第一天，我奉献给了我有生命和无生命的朋友。第二天，向我显示了人与自然的历史。今天，我将在当前的日常世界中度过，到为生活奔忙的人们经常去的地方去，而哪儿能像纽约一样找得到人们那么多的活动和那么多的状况呢？所以城市成了我的目的地。

我从我的家，长岛的佛拉斯特小而安静的郊区出发。这里，环绕着绿色草地。

树木和鲜花，有着整洁的小房子，到处是妇女儿童快乐的声音和活动，非常幸福，是城里劳动人民安谧的栖息地。我驱车驶过跨越伊斯特河上的钢制带状桥梁，对人脑的力量和独创性有了一个崭新的印象。忙碌的船只在河中嘎嘎急驶——高速飞驶的小艇，慢悠悠、喷着鼻息的拖船。如果我今后还有看得见的日子，我要用许多时光来眺望这河中令人欢快的景象。我向前眺望，我的前面耸立着纽约——一个仿佛从神话的书页中搬下来的城市的奇异高楼。多么令人敬畏的建筑啊！这些灿烂的教堂塔尖，这些辽阔的石砌钢筑的河堤坡岸——真像诸神为他们自己修建的一般。这幅生动的画面是几百万人民每天生活的一部分。我不知道，有多少人会对它回头投去一瞥？只怕寥寥无几。对这个壮丽的景色，他们视而不见，因为这一切对他们是太熟悉了。我匆匆赶到那些庞大建筑物之一——帝国大厦的顶端，因为不久以前，我在那里凭借我秘书的眼睛"俯视"过这座城市，我渴望把我的想象同现实做一比较。我相信，展现在我面前的全部景色一定不会令我失望，因为它对我将是另一个世界的景色。此时，我开始周游这座城市。首先，我站在繁华的街角，只看看人，试图凭借对他们的观察去了解一下他们的生活。看到他们的笑颜，我感到快乐；看到他们的严肃的决定，我感到骄傲；看到他们的痛苦，我不禁充满同情。

我沿着第五大街散步。我漫然四顾，眼光并不投向某一特殊目标，而只看看万花筒般五光十色的景象。我确信，那些活动在人群中的妇女的服装色彩一定是一个绝不会令我厌烦的华丽景色。然而如果我有视觉的话，我也许会像其他大多数妇女一样——对个别服装的时髦式样感兴趣，而对大量的灿烂色彩不怎么注意。而且，我还确信，我将成为一位习惯难改的橱窗顾客，因为观赏这些无数精美的陈列品一定是一种眼福。

从第五大街起，我作一番环城游览——到公园大道去，到贫民窟去，到工厂去，到孩子们玩耍的公园去，我还将参观外国人居住区，进行一次不出门的海外旅行。

我始终睁大眼睛注视幸福和悲惨的全部景象，以便能够深入调查，进一步了解人们是怎样工作和生活的。

我的心充满了人和物的形象。我的眼睛绝不轻易放过一件小事，它争取密切关注它所看到的每一件事物。有些景象令人愉快，使人陶醉；但有些则是极其凄惨，令人伤感。对于后者，我绝不闭上我的双眼，因为它们也是生活的一部分。在它们面前闭上眼睛，就等于关闭了心房，关闭了思想。

我有视觉的第三天即将结束了。也许有很多重要而严肃的事情，需要我利用这剩下的几个小时去看，去做。但是，我担心在最后一个夜晚，我还会再次跑到剧院去，看一场热闹而有趣的戏剧，好领略一下人类心灵中的谐音。

到了午夜，我摆脱盲人苦境的短暂时刻就要结束了，永久的黑夜将再次向我迫近。在那短短的三天，我自然不能看到我想要看到的一切。只有在黑暗再次向我袭来之时，我才感到我丢下了多少东西没有见到。然而，我的内心充满了甜蜜的回忆，使我很少有时间来懊悔。此后，我摸到每一件物品，我的记忆都将鲜明地反映出那件物品是个什么样子。

我的这一番如何度过重见光明的三天的简述，也许与你假设知道自己即将失明而为自己所做的安排不相一致。可是，我相信，假如你真的面临那种厄运，你的目光将会尽量投向以前从未曾见过的事物，并将它们储存在记忆中，为今后漫长的黑夜所用。你将比以往更好地利用自己的眼睛。你所看到的每一件东西，对你都是那么珍贵，你的目光将饱览那出现在你视线之内的每一件物品。然后，你将真正看到，一个美的世界在你面前展开。失明的我可以给那些看得见的人们一个提示——对那些能够充分利用天赋视觉的人们一个忠告：善用你的眼睛吧，犹如明天你将遭到失明的灾难。同样的方法也可以应用于其他感官。聆听乐曲的妙音、鸟儿的歌唱、管弦乐队的雄浑而铿锵有力的曲调吧，犹如明天你将遭到耳聋的厄运。抚摸每一件你想要抚摸的物品吧，犹如明天你的触觉将会衰退。嗅闻所有鲜花的芳香，品尝每一口佳肴吧，犹如明天你再不能嗅闻品尝。充分利用每一个感官，通过自然给予你的几种接触手段，为世界向你显示的所有愉快而美好的细节而自豪吧！不过，在所有感官中，我相信，视觉一定是最令人赏心悦目的。

摘自：海伦·凯勒《假如给我三天光明》

你的坚持终将美好

　　我今年32岁，我叫陈州，来自山东沂蒙老区临沂市兰陵县。我是一个山东爷们，我是一个标准的80后，但是我的成长经历，和大多数的同龄人都不一样。当我被火车轧掉双腿，每天躺在床上的时候，真的，我觉得我是一个废物、一个废人，再也不能和我的发小去抓鱼、骑自行车去采果子等等。你们可能永远也没有办法体会到，那是一种什么样的状态，每天躺在那张爷爷给我特制的小床上，吃喝拉撒睡。我最大的幸福或者最大的期望，就是能够从床上下来，到门口看看外面的树、看看外面的人，那是一件多么幸福的事，就是这样如此简单的事情，我都做不了了。最终我选择了从床上翻了下来，我爬出了那个屋，爬出了那个院，我爬出了我们那个村，我上了一辆车，去了一个城市，山东济南。

　　到了济南我才发现，那儿在下着鹅毛大雪，当天晚上我就找了一个下水井盖，因为那里冒着热气，暖和。我趴在那儿，不敢走，不敢挪，因为我怕被别人占去。我就像一只小猫，猫在那儿，不知道过了多久，一个老大娘，她从我面前路过，她没看到我，我把她绊倒了，吓了她一跳，她回头一看是一个孩子，然后她说，你饿不饿呀？我说我饿，然后她就给我了一个梨，一个坏了一半的梨，我吃了，那是我吃过的最好吃的一个梨。

有一年我流浪到泰山脚下，去问一个山上下来的游客，我说大哥，泰山有多高，你觉得我能登上去吗？然后这个哥们说，切，你问这个干吗？你觉得可能吗？我觉得我受到了他的这种语言的激励。第二天一早，我把我的鞋擦得干干净净，六点多钟，我就冲进了登山的人群当中。那是我第一次登山，第一次登这么高的山，花了十二个半小时，从红门登到南天门，虽然我很累，我的屁股上磨满了泡，我的脚上，请允许我说这是我的脚，磨起了数不清多少个泡，但是我特别的开心，为什么？因为一路上有人真的会说，你真棒！你太棒了！你比正常人还正常人！那一刻我无比的开心，最重要的是第二天一早，我看到了人们梦寐以求的风景，泰山日出。但是这还不是最重要的，之前我是仰视一切，哪怕是一个三岁的小孩儿，但是在那一刻，我俯视了周围的一切，我明白了这种感觉，一览众山小。我爱上了这种感觉，我喜欢上了登山！

后来我成了卖报员，每天我会套着一个大布袋，装满了报纸，每天好的时候可以卖到二百多份，一份大概能够挣到一毛五分钱左右，我很开心，甚至有点骄傲，因为大家在给我钱的时候，不再是躲开，而是把钱递给我，还有人说，小伙子你真能干！那种感觉真棒，这就是"有用"，我不再是一个乞丐，我是靠本事来养活自己的，我是一个堂堂正正的人了，一个自食其力的人了。

后来我成了一名流浪歌手，我去江西九江唱歌，一个给了我幸福的女人出现了，她第一天就出现在我右前方的两点钟方向，第二天，第三、四、五、六天，她每天都出现在相同的位置，只有我唱歌的时候，她才会鼓掌。后来我们认识了，留下了联系方式，再后来，你们懂的。她叫喻磊，我叫陈州，那个时候的我，没有钱、没有房、没有车、没爹、没妈、没家，对了，还没有腿。我们在一块一个多月以后，她的同事、朋友，当然还有家人，想把她从我身边带走。后来我也在想，我是一个失去了95%以上两条腿的人，作为一个男人，我没有办法给她一个男人该给她的承诺，所以我昧着良心跟她说，我们分开吧，闭着眼睛你抓一个都比我好一千万倍，我根本就不喜欢你，你走吧。后来她跟我说，州啊，我喜欢跟你在一块儿，要不咱也生个孩子吧。

我们现在在一起十二年半了，我们有一双长得非常可爱、学习超级棒的儿女，每天放学以后，我会开车接他们回家吃饭，吃过饭以后，我会开着我的超级小跑车，带他们去散步。为了保持我健硕的身材，我会每天约上我的朋友，去健身、去游泳、去打球，我还是我们济南一支球队的超级守门员，当然这不是我最拿手的，其实我最拿手的还是做俯卧撑。我的生活美不美？所以我要好好地活着，幸福地、快乐地、阳光地活下去。请相信，你的坚持终将美好。

来源：《青年中国说》陈州演讲稿

平凡女孩的演员之道

　　大家好，我是杨紫，首先，很荣幸可以在这里跟大家分享一些我自己的故事。其实刚开始节目组叫我过来的时候，我是拒绝的，为什么呢？因为"演"跟"讲"，我都明白，可是这两个字凑一块儿我确实有点蒙圈了。所以我其实到现在都很紧张，我从来没有当着这么多人演讲过，希望大家可以给我一点掌声鼓励。

　　谢谢大家对我这个演讲新人的鼓励。其实不光是演讲，我觉得在演戏方面我也是一个新人。可能很多人都会问为什么在演戏方面我也是个新人呢？其实这事说起来比较长，今天想在这里跟大家好好聊一聊。

　　把我自己的故事分享给大家，与其说是演讲，不如说是说出我自己的故事。首先是在我5岁那年，我看到了《还珠格格》。我特别喜欢那个戏，喜欢我的偶像赵薇，梦想着可以成为她，想去八一厂工作，想考上电影学院，想当一名演员，从此开始了我的演员之路。第一次演戏应该是一部电影，叫《春天的狂想》，在里面我扮演一个群众演员，可能大家根本找不到我，但那是我第一部戏，从此就开始了我的漫漫长路。记得爸爸带着我跑遍了北京所有的剧组，印象很深，拿着厚厚的资料，上面都是我的照片。情况好的时候导演会说"还不错，试段戏看一看"，情况不好的时候就被直接扔到垃圾桶了。但是那时候我非常小，我不懂得自尊是什么？玻璃心是什么？我只知道我想演戏，有机会就可以了。就这样演群演，当客串，拍广告……一直到我11岁那年，我碰到了《家有儿女》。

说实话我非常感谢这个角色，因为小雪让大家认识了我，让大家喜欢上了我。可是我觉得这不是最重要的，最重要的是我认识了丹丹阿姨、亚麟叔叔，还有林丛导演，他们这些前辈身体力行地告诉我，作为一个演员要做的是什么、什么是演员，怎么做人……所以这些年来我特别感谢他们，感谢所有帮助过我的长辈、老师，在这里给你们鞠一个躬，说声谢谢。其实我还要感谢一个人，那就是我自己。

因为我有了最初的梦想，一直坚持着，才有了现在的我。虽然我现在还在拼搏，但是我觉得我小时候的梦想都实现了，比如在八一厂拍戏、考上电影学院、当一个演员，而且还见到了我的偶像，我觉得这点很酷。在场的，如果你们有自己的梦想，一定要坚持下去，因为我都实现了，万一梦想见鬼了呢？对吧。

接下来，就变成了我童星的道路，其实那时候大家都说我是个童星，但是在我眼里我觉得是个落寞的童星。那个时候的娱乐圈跟现在完全不一样，尤其我十五六岁的时候，我是没有戏拍的。大家都认识我，可是我没有戏拍，我可能只能演一些儿童剧，一些很奇怪的节目，我说服自己去演了很多烂戏，但是我没有办法，那时候没有选择。这种情绪一直到了我上大学，差不多大三的时候，我跟所有同龄人一样去试戏，见导演，去被选择。那段时间我非常痛苦，我每天不知道该干什么，曾经有过半年的时间，我接不到任何的戏，最后痛苦到了接了一部我自己非常不想演的戏。因为我觉得只是想证明自己还是演员。

在此之后，我就不停地拍，没有休息过，一直到现在。有人问我你为什么这么拼？我说我害怕当时的感觉再次浮现，我没有办法接受我不拍戏时的恐惧感。而且我变得很自卑、不自信，甚至大家说什么我都会很敏感。直到我遇到了邱莹莹，这个角色肯定大家都知道，但是大家却不知道我为什么演这个角色。很长的时间里我接不到戏，面临被选择，直到这个戏找到了我，因为之前合作过《战长沙》，跟侯大大团队一起合作过，他们说下半年有一个戏叫《欢乐颂》，要不要来试一下？你可以先看一下小说，里面有五个女性角色，你看你喜欢哪一个，我心里特别开心。"哇，终于有人找我演戏了，让我自己选，我的天啊！"我就开始看小说，有安迪、樊胜美、邱莹莹、曲筱绡，还有关雎尔，我第一个选择的就是子文姐那个角色，就是曲筱绡。我就跟导演说我要演曲筱绡，导演说"不好意思，这个角色已经定完了"，我说"这样啊"。那安迪和樊胜美我演不了啊，我说："关雎尔行吗？"导演说："不好意思，这关雎尔刚选了一个新人。"我就琢磨了一下："让我选？这不是就只剩下一个邱莹莹吗？怎么选？"当时我的两个选择，第一就是不去演，第二就是挑战她。

直到这部戏开机的前一星期，我给当时的副导演发了条微信，我说我去。我说的这种"去"其实当时在我心里有一种无奈，但也有一种挑战。我觉得大家都不看好这个角色，我希望可以演出不同的风格。可没有想到，我进组以后每天都非常痛苦，大家都在跟我说，你把这个角色演出三个字，就是"拎不清"就行了。她就是蠢啊，就是傻啊，傻白甜啊，你随便演就行了。每一场戏对我来说都是煎熬，当你身为一个演员，你明知道这个角色是你心里过不去的坎儿，但你还要接着演，你不知道你内心是这么煎熬。我就想我不行，我不能这样，我得把她演好。我想她怎么能变得可爱一点，我给她设计动作，设计一些搞笑的台词，慢慢演出了我自己的风格。没承想播出的时候，虽然大家都骂过她，肯定很多人骂过她吧，有吧？肯定五个里面大家最讨厌的就是她。但是，我没有想到我还是获得了一些观众的认可，真的很谢谢大家。

说完这个角色，还有一个角色给我的印象最深，就是陆雪琪。如果说邱莹莹是我自己不看好的角色，那这个角色是大家不看好的，为什么呢？因为陆雪琪在《诛仙》原著里面是一个冰雪美人，是一个绝世大美女。我去演的时候内心也有点崩溃，我想什么，我一个北京这么接地气儿的小女孩儿，让我演陆雪琪？我心里其实也在想这行吗？但是我觉得大家当时都在骂我，我就想："那你们都在骂我，我为什么不挑战自己呢？也许挑战一下你们可以接受啊。"我就硬着头皮去演了。所以，我就第一次尝试着拍仙侠戏、吊威亚，第一次知道什么是耍剑花儿。我每天在剧组不停地练，浑身都是伤，我觉得我很开心。这两个角色彻底改变了我。播的时候，没有想到陆雪琪使我收获了更多的粉丝，也有一部分观众认可，所以我觉得这就够了。有的时候，其实结果不重要，最重要的是过程。

我突然想到，我们上大学第一节课，我们的张辉老师指着全班32个同学说："你们知道吗？你们今天来到这个教室，你们每一个人都是艺术家，都是独一无二的，你们要相信你们自己。"今天我们班同学也来了，你们记得那句话吧？我们开学第一天老师跟我们说的，记得吗？我们是艺术家！

那个时候我特别不明白，为什么我们会是艺术家，我们才十七八岁，我们怎么是艺术家？但是我很感谢老师当时说的那句话，因为我们是天才。那个时候不懂老师说的话，现在的我可能这两年遇到了很多的事情，我有自卑的时候，我有不自信的时候，我有觉得我不适合演戏要退出的时候……可能这几句话一直在我身边闪烁着——我是与众不同的，我是艺术家，我们是天才。

我觉得每个人都是独特的，其实我们每个人都是平凡的，可能在座的每个人都觉得我们很平凡，我们长得不好看，但是我们有梦想吗？还记得最初的梦想吗？就像我，虽然我也很平凡，但是我一直坚持下来了。其实我以前在大家的眼里都是乖乖女，大家对我的形象都是好乖啊，那个小雪。我一直活在大家期待的想象中，包括爸爸妈妈，我从来没有叛逆过。对待身边的工作人员、我的朋友，我全部都是希望活成他们喜欢的样子。所以，有一段时间觉得自己很累，直到这两年，我今年25岁，我觉得我为什么活得这么累？我只是很热爱演戏，我希望活出真实的自我，我想让喜欢我的朋友知道，原来杨紫是这个样子的。如果你能接受我真实的样子，还能继续喜欢我的话，我觉得那才是我最开心的。我的人生、我的事业我想自己做主，别人说得对，我可以接受，别人说得不对，我觉得我要拒绝。虽然那个过程很难，很多人都会不理解，说杨紫你为什么这样？但是我觉得其实这是我要做的，我想活得真实一些，真实一些去追逐我自己的梦想，去拍我自己喜欢的戏。不想去做一些大家都去做的东西。所以我觉得我现在把这个标签已经撕开了，我活得很轻松很自在。我有我爱的人，也有爱我的人，你们爱我，我也爱你们，你们一直守护着我，我也会一直守护着你们，其实就是这个样子。

　　有爱的人，活成自己的样子，有自己的梦想，并且一路去追寻，我觉得这是非常美的事情。其实在我们出生那一刻，我觉得我们就是独一无二的，因为世界上没有第二个人跟你长得一样，我们不要觉得自己很卑微，不要觉得自己很渺小，不要觉得自己很平凡。其实，大家都很伟大，因为世界上没有第二个人跟你一样。所以如果你有最初的梦想，就去坚持，每一个梦想都是伟大的，每一个在座的你也都是伟大的。记住，世界上只有唯一一个你，我会跟你们一起努力。

　　　　　　　　　　　　来源：《星空演讲》杨紫演讲稿

美从何处寻

当然今天的形势已经大不相同了。我们今天有更为便捷的条件，打开手机屏幕，我们就说我们进入了读图的时代。我们的物质生活也极大地提高，老百姓也经常出国了，现在也都愿意去看罗浮宫这样著名的博物馆。但是我也听说主要是去寻访那个罗浮宫的三宝，转一圈，把这个三宝看到了就心满意足了，可以打道回府了。我们就处在这样一个尴尬的也让人有点忧心的状态。一方面我们追求知识，追求艺术，另一方面我们关于美的普及程度还很不够，我们小学课本里面有几篇是关于美术的呢？大概有一些图画，有一些图片，有一点点动手的课也被其他的文化课所挤走了。对于我们整个社会来说，现在艺术市场突飞猛进，各种拍卖、画廊的这个艺术品的标价十分争夺眼球。包括我们一些电视节目也都很受欢迎，因为它是寻宝、鉴宝。大家看到那些艺术品的时候首先是把它当作宝，当然艺术品是宝，但是对于它的美的价值往往可能就忽视了，或者说认识它美的价值也是为了了解它的经济价值。正是在这样一种情况下，我觉得《开讲啦》来设置一个关于美的话题应该是有意义的。

那么美究竟存在哪里？这是我们经常会追寻的问题。我们通常说美是有艺术之美，这些艺术作品是艺术家的创造，这是把我们带到审美的殿堂里的最佳的，也可以说是最重要的途径。当然还有生活之美，在我们的生活空间里，在我们无处不在的衣食住行各个领域。就像我们现在居住的城市，我们看到无数用钢筋水泥打造的建筑森林在崛起。但是另外一方面，似曾相识、千层一面，千街一景又比比皆是。因此我们又不得不对我们自己这个最大的生活空间美的打造、美的营造投以关切。当然在谈美的时候我们还离不开谈自然之美。我上个星期到川西的草原写生。那一条道路，就是著名的318国道，那个大幅的广告说：这是沿途风景最美的国道。我就看到沿途有许多车队，摩托车的，自行车的，还有徒步的年轻人沿着川藏线往前走。我非常高兴，我看到我们今天的年轻人不仅把远足当作对自己体能、体力的考验，而且还去欣赏自然，投身自然。但是毕竟这个队伍还不是很多，不是每个人都要做实际的远足，我们可以在我们自己的生活之中、工作学习之余，更多地去感受自然之美。所以林林总总说这些，无非是说到我们今天要重新唤起美的意识，通过各种机会获得对美的发现。

那么如何来解决？我们可能需要一些知识。我想首先需要阅读一下艺术史、美术史。比如说西方的艺术，它从古希腊罗马开始，公元前400年就形成了一种关于人的造型表达。这种造型表达包括了人的比例，比如人身七个头长，形成了非常坚挺的前额和眉弓，因此它形成了一种美的法则。文艺复兴之后，欧洲的油画、雕塑、建筑就更加蓬勃地发展起来。比如我们看鲁本斯，我们看到他的是画面上的一种节奏、线条，一种充满动感的生命世界打动我们的感知。传统的美术可能比较多的具有很鲜明的主题，甚至有情节，但是从1830年法国人发明了照相术，原来那种能够为帝王记下他们的赫赫战功，能够留下那些王公贵族的他们的这种形象，以及能够记录、表达我们的日常生活的那样一种语言方式的确是开始改变了。这种变化一是因为时代生活发生了变化，另外一个还是它自身的语言体系发生了变化。就以印象派来说，我们今天大家还是很喜欢的，之所以喜欢印象派的作品，是因为印象派它在光和色的研究上又达到了一种新的水平。

同样，东方是另外一个体系，以中国为例，我们中华文明五千年不曾间断，所以古往今来的中国艺术又构成了另外一种体系。通常说西方重明暗，中国重线条。比如说我们在用线条表达这样一种反映世界的方式的时候，那么早在公元3世纪魏晋南北朝时期，那时候就很成熟了，有类似于顾恺之的主题性的创作。更有当时的书法和绘画，它们的共同之处都是线条的艺术，所以当书法和绘画一起成熟的时候，我们说中国的绘画、中国的美术就有了一个体系性的架构，那么中国的艺术不仅是早熟的，而且是一路蓬勃成长起来的。

美术的历史发展、美的经典，它能够把我们带入到审美的境界之中。但是可能有的朋友会说，我又不是搞美术史的，甚至我缺乏这种美术史的书籍。我想，好吧，没有条件来读具体的艺术史书籍的时候，那就走进博物馆，走进美术馆。世界各国的博物馆、美术馆里面都有固定的陈列。那都是经过艺术史研究者梳理出来的艺术史的视觉存在，或者说看得见的美术史。在那里你去面对作品，去感知，去感悟，来不断地提高自己的一种审美的感受力。这种感受力积累起来之后，可能对很多艺术作品的鉴赏就自然而然有了所谓的经验。与其看一些杂七杂八的图像，不如把自己关于艺术、关于美术史的这个知识建构起来，在自己的心中培育起一棵美的树苗，让它慢慢成长，终会有枝繁叶茂之时，充实于自己的心灵。

我想讲其实审美的活动，说到根本的价值，它就是对创造力、想象力，对创新这种能力的一种唤起，有许多大的科学家在这一点上是很有觉悟的。对艺术感知力、感受力所能够带来的一种对未知世界的探索，这个价值特别肯定。早在500年前，达·芬奇，他既是一个大画家，同时也是一个发明家。他的许多奇思妙想似乎印证了后面我们要去做一个飞行器、做一个探测仪、做一个能动车这些科学的进展。那么在我们许多大的科学家那里，比如说获得诺贝尔奖的杨振宁先生、李政道先生，他们都特别重视艺术与科学的结合，都特别注重通过培养审美感受力来增加科学发明和发现的能力。

无论东方和西方，我们古代的先人，在美的问题上已经讨论了很多。其实我们看到的、感受到的，每个人之间是不同的。我做美术馆馆长的时候，你知道什么时候是我最感到快乐，或者最觉得欣慰的？就是看到观众们在一幅画面前各自谈自己的观感，每个人的角度不太一样。因为艺术品几乎不给予标准的答案，正是在一幅作品面前的一种交流，大家敞开了心扉，我就感觉到美术馆这个空间的价值真正体现出来了。它把不同职业、不同背景、不同阶层的人们带在一起，大家在这里心灵是敞开的，人格是平等的。所以我就觉得我们对于美的态度应该更多的是使自己与艺术作品、使自己与生活、使自己与他人、使自己与自然，都更加能够做到一种无碍的交流。越是没有功利的审美，你就越能够获得美的魅力和力量，也对美好的世界抱以更多的憧憬。

来源：《开讲啦》中央美院院长范迪安演讲稿

少年印刷工——富兰克林

　　我在我父亲店中干活干到12岁。我的哥哥约翰，本来是学习蜡烛匠这一行业的，却离开了父亲，结了婚，跑到罗德岛去住了。显然我注定了要顶他的缺而成为蜡烛制造商，但是我仍旧不喜欢这个行业。我父亲深深考虑到如果他不为我找到更合适的工作，我一定会像他的儿子约塞亚那样，逃到海上去做水手，使他大为伤心。所以他有时带我出去散步，并造访小木匠、泥水匠、车匠、铜匠等，看他们做活，他就可以观察我的爱好，并力图把我的爱好吸引到某些手艺或别的在陆地上的行业上来。去观察娴熟工匠使用他们的机械工具，使我很喜欢，而且对我很有用。凭借常看也就学会了一点，当不能雇到工人时，我自己也能够在家中做些零活。我也曾为了实验做了一些小机械，当时做些机械实验的意向在我心里是新鲜而热烈的时候。最后我父亲终于决定叫我跟伯父本杰明的儿子塞缪尔学制刀业，他在伦敦学过这个行业，大约那时正在波士顿开业。我跟他见习了一些时候，但是他希望我交学费，对此我父亲很不高兴，把我又领回家来了。

我自幼喜欢读书，手中所得到的一点钱全都花到买书上了。因喜欢读《天路历程》，我收集的书第一部就是分作数册的约翰·班扬文集。后来我把它卖掉了来买柏顿的《历史文集》，这个文集是小贩们卖的书，价格很便宜，全部有四五十册。我父亲的小图书馆里大都是神学争辩的书，其中的大部分我曾读过，并且曾一直惋惜，在那一时期我正是求知若渴的时候，但自从决定了我不去当牧师，我就不能得到更多的好书。那里有一本普鲁塔克著的《名人传》，这本书我读得很熟，并且认为那段时间是花费得大有好处的。还有一本笛福著的《计划论》和另一本马瑟博士著的《为善论》，这两本书或许曾使我思想转变，而对我后来一生中的几件大事有着影响。

这个酷爱读书的习惯，好不容易使我父亲决定叫我去做一个印刷工人，虽说他已经有一个儿子——詹姆斯——学了这个行业。1717年，我哥哥詹姆斯从英国带回来一台印刷机和许多铅字，就在波士顿开办了他的印刷所。比起我父亲的行业来，我更喜欢这个行业，但是仍旧热望着航海。为了防止这种倾向的可怕后果，我父亲就急着把我束缚在哥哥那里。我抗拒了一些时候，但终于被人劝服，签订了学徒合同，当时我还只有12岁。我要做学徒一直到21岁，仅仅允许我在最后一年支取最低的工资。在短时期内，我就把事情做得很熟练，并且成了我哥哥的有用帮手。当时我有一些接触好书的机会了，认识了几个书店里的学徒，使我有时能够借到一点书，那些书我要十分注意迅速归还和保持干净。有时一本书是晚上借来而必须在次日一早送还的，我就常常振作精神在我屋中读到深夜，免得到时不还，这书就被当作遗失或缺货了。

过了些时候，一位藏书很多，常常到我们印刷所来的聪敏商人马修·亚当斯先生邀请我到他的图书室去，并且欣然地把我所选择的一些书借给了我。那时我迷上了诗，还作了一些。我的哥哥以为这是大可利用的，就鼓励我，使我即兴地作了两首民谣。一首题为《灯塔的悲剧》，内容是述说灯塔看守人沃西·莱克和他的妻女沉船的事；另一首是《水手之歌》，述说海盗提奇就擒之事。两首诗实在不好，都是用市井俚俗诗体写的。印出来之后，我的哥哥叫我沿街兜卖。第一首销路很好，因诗中所述是新近的事实，得到好评。这事使我妄生虚荣心，但是我的父亲挖苦了我的成绩，并劝我作罢，告诉我作诗的人一般都是乞丐。这样我就避免了当一个诗人，极可能是一个十分拙劣的诗人。不过散文的写作对我一生的经历却是大有用处，而且是我上进的主要方法。我要告诉你，在这种情形下，我是怎样得到写作上的一点能力的。

在城里另外有一个嗜读的孩子，名叫约翰·科林斯，我跟他过往甚密。我们很喜欢争辩，并极想驳倒对方，这种好辩的脾气，很容易变成坏习惯。这种不需要拿到实际中来的辩论，在人面前往往使人极不愉快。因此，除了破坏交谈以外，你原本可以交朋友的地方，却成为使人憎嫌甚或是仇人的制造所。在阅读我父亲有关宗教的辩论书籍时，我就见到了这点。我久加观察，发现明白的人们很少陷入其中，除非那些律师、大学里的人和在爱丁堡的各种各样的人们。

有一次，不知为什么，科林斯与我就一个问题引起辩论，这个问题是女子受专门知识的教育是否适当，以及她们能否从事研究。他的意见以为这是不适当的，因为她们对这事是天生不能胜任的。也许有点为争辩而争辩，我就站在反对的一方，他天生比我善辩，又曾准备了很多的话。并且，据我想，有时他压倒我是靠他的口才比靠他的坚强理由更多些。没有得出定论我们就分了手，并且要有一些时候不会再相遇，我坐下来把我的辩论写出来，誊清了寄给他，他回答我，我又答复他。双方都寄了三四封信之后，我父亲偶然看到我的信稿。他并未加入争辩，只趁机向我谈论起我作品的体裁来，他评断说，虽然我的拼写和标点正确较对方为优（这要归功于印刷所），但在词句优雅、条理明晰方面我却不如对方。在这些方面，他举出几个例子使我信服。我知道他的意见是公平的，从此对于文体更加注意，且决心努力改进。

这时的前后，我偶然看到一卷残缺不全的《旁观者》

报，那是第三卷。我以前一本也没看见过。我买了它，读完了它，读得十分愉快。我认为文章写得极好，如果可能的话，我还很想模仿它。抱着这个念头，我取出其中的几篇，把每句的大意摘要录出，放置几天以后，再试着不看原书，用自己想到的某些合适的字，就记下的摘要加以引申复述，要表现得跟原来的一样完整，把原篇重新构建完成。然后我又把我写的《旁观者》拿来与原来的比较一下，发现我的一些错误并加以改正。但是我发现自己缺乏词汇，或在记诵和运用词汇方面缺少准备。我想如果在那时以前我还继续作诗的话，一定能获得丰富的词汇。因为为了合律和协韵，写诗常常需用意义相同而长短不同、声调不同的字，这样就会把我摆到继续不断搜求大量词汇的需要下，也会帮助我记住它们而能运用自如。因此，我把一些故事改写成诗，过了些时候，当我把那散文已完全忘净了，我再把诗改写成散文的格式。有时我也把我记录的摘要大意打乱，几个星期之后，当我开始理出整句、完成全篇时，就先竭力使它们还原为最好的次序。这样是为了训练我的构思能力。而后再把我的作品与原文比较，发现错误，再改正过来。有时我竟生发妄想，在某些意义不大的细节上，认为我已是十分幸运地改进了原文的方法和文体，而这妄想鼓励我自以为可在后来成为一个过得去的英语作家。对于当作家，我是非常有雄心的。我做这些练习和阅读的时间是在晚上下班以后，或在早上工作开始以前，或在星期日。星期日我总设法独自留在印刷所里，尽力避免平常出席公众祈祷会。这件事，在我父亲管教之下时，他时常严格地要我参加，不过，我实在仍认为那是一种义务，虽然对我来说，我匀不出时间去参加这种活动。

我16岁的时候，偶然见到一本书，是特里昂写的，推荐了一个素食谱，我决心严格按这个食谱吃素食。当时我哥哥尚未结婚，没有成家立业，他自己跟他的学徒都在别人家中寄食。我的戒食荤腥，引起了不方便，还常因这个特点受到责备。我学会了几样特里昂式的烹调方法，如烧土豆饭、制速成布丁和几样别的饭菜，就向我哥哥建议，如果他每星期把我饭费的半数付给我，我便自己烧饭吃。他立刻同意了，并且不久我便发现我还能把他付给我的钱节省下一半来，这成了我购书的额外基金。此外，这件事对我还有别的好处。我哥哥和其余的人到印刷所去吃饭，我一个人留在所里，并且，很快地吃完我的点心——那常常不过是一块饼干或一片面包、一把葡萄干或一个从面包店买来的果馅饼和一玻璃杯白开水——我就能利用其余的时间来读书，一直读到他们回来。由于经常注意节制饮食，头脑就更清晰敏捷的缘故，我在读书方面大有进步。

现在要谈的是，在某些情况下我深愧对数学的无知，在学校时我学了两次都未学好，于是我把柯克的算术书顺利地全部自学完。我也读过舍勒和斯图美的航海书，了解了书中包含的一点几何学，但对那门科学从来没有深造。大约在这时，我读了洛克的《人类悟性论》和波特洛亚尔派的会员们所著的《思维的艺术》。

当我力求文体上的进步时，我偶然找到一本英文文法书，好像是格里·伍德所著的，在书的末尾有论及修辞学和逻辑学的两篇简短概要，后一篇是用苏格拉底辩论法的范例作为结语的。此后不久我就得到色诺芬著的《苏格拉底回忆录》，在这本书里有许多这种辩论方法的实例。我被这个方法迷住了，就模仿它，扔掉我粗暴的反驳和固执的辩论，采取谦虚的、探究的、怀疑的方法。于是，我读了莎弗茨伯里和科林斯的书以后，就成为一个对我们教义中许多论点有疑问的怀疑论者。我觉得这种方法对我很稳妥，而且很能困窘那些我用它去反驳的人，所以我很喜欢这种方法，不断地练习它，并且渐渐能够很有技巧、很熟练地去折服别人，即使他们是很有学识的人，而且对于那个结论他们也不能预见，以致让他们陷于困惑之中而不能自拔，由此我就得到胜利，而那常常不是我自己也不是我的理由所应得的。我继续运用这种方法不多几年，就慢慢地扔开它了，只剩下用谦虚的话表示意见的习惯。当我提出任何可能引起辩驳的观点时，永远不用"确实的""无疑的"，或其他对于一个意见表示肯定语气的话，而宁愿说"我以为"或"我认为某事是如何如何"，"依我看来它似乎是"或"我认为它应该是如此如此"，"由于什么什么理由"或"我想象它是这样，如果我没弄错的话"。这个习惯对我有很大的益处，当我有机会述说我的主张时，会得到大多数人的信服，因此我曾不断得到高升。并且，谈话的主要目的是"对别人说"或"听别人说"，"使人愉快"或"使人信服"，因此我劝那些善意的、明白事理的人们不要以固执傲慢的态度来降低他们为善的能力才好，这样就很少陷于被人厌憎的境地，从而引起反感，使那些谈话的目的都归于失败。别忘了，是为了那些目的我们才谈话的，那就是说，要交流见闻，互相愉悦。因此，你若想和人谈话，用一种抬高自己意见、固执独断的态度，会引起别人反感而不注意听你讲话。如果你希望获得和增进知识而向别人征求意见，而你同时还表现得固执己见，那么，谨慎、明晓事理的人因他们不喜争辩，或许会躲开你，让你坚持己见，依然故我。还有，用那样的态度，你会很难使你自己得到听得人们的欢心，或劝诱人们赞同你的观点。蒲柏明断地说过：

人们一定会受教，如果你没有教诲他们的样子，

对于他不知道的事情，便说是他忘记了。

他更进一步劝告我们：

说的虽然是确实的，也要用谦逊的词句。

他可以配上另外一句，而他却配上这样一句，我觉得不是很确切：

因为缺少谦虚就是缺乏见识。

假如你问，为什么不很确切？我必须重引这两句：

不谦虚的话没有辩解的余地，

因为缺少谦虚就是缺乏见识。

那么，"缺乏见识"（人如缺少了它是很不幸的）不正可作"缺少谦虚"的辩护词吗？而下面两句不是更确切吗？

不谦虚的话只能有这个辩解，

即缺少谦虚就是缺乏见识。

是否如此，我应该请求更高明的评断。

摘自：《富兰克林自传》

实现自我蜕变

从小的时候开始，我的爸爸就对我讲，一定要仔细看清楚脚下的道路。我问他为什么，他告诉我说，只有认真看，才能找到自己的路。

这个世界上的道路有千千万万条，为什么一定要找到自己的路呢？对于年纪还小的我来说，对爸爸的话并不能完全理解。那个时候的我，对未来充满了幻想，我幻想过自己将来会嫁给一个什么样的人，会拥有什么样的生活，每天会以怎样的心情睁开眼睛，迎接早晨第一缕阳光。

当我年轻的时候，生活渐渐形成了定局，我有了自己的家庭，有了自己的孩子，我每天的首要任务便是照顾他们，我的双手被擦地板、装蔬菜罐头、挤牛奶、打扫屋子等琐事所占有，我的脑子里每天想的事情便是如何将餐桌上的花瓶插满鲜花、怎样做出让全家人都感到可口的饭菜。

这样平淡到三言两语就可以总结的人生，让我的一生好像就是一天而已，我每天都在重复着同样的工作，但是每一天，我都会尽力开心、满足地度过，我不知道爸爸所说的自己的路是怎样的，但我明白，不论选择了怎样的人生，只要尽力地接纳生活所赋予自己的一切，让每一分、每一秒都不留遗憾，这样就足够了。

今年，我已经步入古稀，我的双眼不再清澈，我的双腿不再灵活，但我却真正意识到了自己所走的是一条怎样的道路。爸爸说得对，只有认真看，才能找到自己的路。但想要看清自己的道路，需要的不仅是眼睛，还有心。

在我眼睛昏花，无法清晰地看到周遭事物的时候，我反倒比年轻时更加明白自己想要什么。我想要的生活就是简单安详，能够专注地投身于自己真正喜爱的事情中去，这种喜悦感远比我获得物质上的财富更让我感到有成就感。

每天都会有人问我："什么时候开始自己的梦想才不算晚？"我七岁的曾孙女也曾问过我，她问我，自己是不是也可以像我一样开始画画。

我对所有向我提出这个问题的人回答都是一样的，任何人都可以画画，任何年龄的人都可以画画。每个人都有选择梦想和开始梦想的权利，我喜爱艺术，热爱绘画，所以我从不会因为自己缺乏天分，或者年纪大了就放弃自己的梦想。我找到了自己的道路，那就是坚持做自己喜欢做的事情，我便全心全意地走下去。

我常常鼓励人们，不要介意别人怎么说，自己的梦想弥足珍贵，一旦你找到了你愿意为之付出一切精力和热情的梦想，那就不要轻易放弃。

所谓通往梦想的人生之路，不过就是在柴米油盐的庸常琐事生活中，自己独守的一份执着，坚持保留自己的一片天地。

人生太长，人生也太短，当岁月流逝，健康不在，回顾一生的经历，会因为对梦想的执着而感到勇敢，就算面对死，也不会觉得有任何遗憾。

人生的路很复杂，那是因为你还没有走入属于自己的那条道路上，当你找到了自己的路，会感觉到生命的喜悦，会获得一种从未获得过的力量和勇气，感受到你发自内心的强大，实现自我的蜕变。

摘自：摩西奶奶《人生只有一次，去做自己喜欢的事》